U0233245

NOMAD

大迁移

[英] 加亚·文斯（Gaia Vince）/ 著　　林越越 / 译

中国出版集团
中译出版社

著作权合同登记号：图字 01-2024-3624 号

图书在版编目（CIP）数据

大迁移 / （英）加亚·文斯著；林越越译 . -- 北京：
中译出版社，2024. 10. -- ISBN 978-7-5001-8062-3

Ⅰ . P429

中国国家版本馆 CIP 数据核字第 2024322L1C 号

大迁移
DA QIANYI

作　　者 /〔英〕加亚·文斯（Gaia Vince）
作　　者 / 林越越
策划编辑 / 费可心
责任编辑 / 贾晓晨
营销编辑 / 白雪圆　郝圣超
版权支持 / 马燕琦

出版发行 / 中译出版社
地　　址 / 北京市西城区新街口外大街 28 号 102 号楼 4 层
电　　话 /（010）68002494（编辑部）
邮　　编 / 100088
电子邮箱 / book@ctph.com.cn
网　　址 / http://www.ctph.com.cn

印　　刷 / 河北宝昌佳彩印刷有限公司
经　　销 / 新华书店
规　　格 / 710mm × 1000mm　1/16
印　　张 / 18
字　　数 / 204 千字
版　　次 / 2024 年 10 月第 1 版
印　　次 / 2024 年 10 月第 1 次

ISBN 978-7-5001-8062-3　　　　定价：89.00 元

致我的父亲

以及所有在灰暗的北方天空下

精心培育热带花卉的人们

未来环境之梦

一场剧变即将来临，人类将经历翻天覆地的变化，地球亦是如此。

在不发达地区，极端气候变化会让大量人口流离失所，大片区域将不宜居住。而在环境更为舒适的发达地区，会出现大量劳工短缺，老年人或将一贫如洗等情况，各个经济体将在这场人口结构变化中挣扎求生。

在接下来的 50 年里，随着气温不断上升，湿度急剧增加，我们当中将有多达 30 亿到 50 亿人，无法在先前的居住环境中继续存活下去。这一数量庞大的群体将逃离热带地区，逃离沿海地区，逃离原有的可耕地，寻觅新的定居之所。你或许会成为这些迁移大军的一员，或许会接纳这些流离失所的新成员来你的住所落脚。这场迁移其实已经初现端倪。由于干旱侵袭，人们已无法在农村进行耕种或维持基本生计，因此已经有部分人逃离了拉丁美洲、非洲及亚洲的干旱地区。如今，大量人口向城市转移，而由气候变化引发的人口流动会加剧这一现象。过去 10 年内，全球移民数量已经翻了一番。无家可归之人仍在迅速增多。随着全球气温上升，如何应对这一问题只会变得越发重要，越发刻不容缓。

毫无疑问，我们面临的是一场事关全人类的突发危机。但是我们能够攻坚克难，终获一线生机。要做到这一点，需要进行有序的、从容不迫的大迁移。对人类而言，这是从未有过的经历。

人类最终还是开始正视气候变化这一问题的紧迫性了。然而，当各国团结一致减少排放，并努力让风险地区适应日益炎热的气候时，世界上大多数国家正面临着一个被人们忽视的棘手问题：各地极端天气的严重程度已经超过了人类的适应极限。与 30 年前相比，全球气温超 50℃ 的天数已经翻了一倍。这么高的温度不仅会危及性命，而且会给建筑、道路及发电站等基础设施带来巨大隐患。简言之，人类已经无法在这些地区继续生活下去了。

面对这场一触即发的全球事件，人类的应对之道在于充沛的精力和创新的思路。解决之策掌握在我们自己手中。我们要帮助他人从贫穷危殆的境地转移到安全舒适的环境中，让我们的社会具备更强的修复力，让所有人从中受益。这场规模空前的人类迁移，将会成为 21 世纪举足轻重的历史性事件，并让我们居住的地球环境发生翻天覆地的变化。也许这场迁移会演变成一场重大灾难，但若处理得当，也可能解救全人类。

人类将不得不以迁移的方式来求得一线生机。

大量人口不仅需要转移到其他的城市，甚至需要跨越不同的大洲。那些对居住环境尚可忍受的人们，尤其是居住在北半球的人们，需要在本就日益拥挤的城市中容纳数百万的外来人口，同时适应气候变化提出的全新要求。人们还要在气温更低的两极地区附近建造新城。两极地区的冰雪正在逐渐消融，甚至完全消失；西伯利亚的部分地区已经连续几个月气温都高达 30℃。

不管你身居何处，这场迁移势必会影响到你和下一代的生活。显而易见，有些国家，比如孟加拉国，逐渐不宜居住。在那里多大 1/3 的人口居住位于沿海低洼地带，这些区域扔在不断下陷（预计该国约有 1300 万人，将在 2050 年前搬离）。还有诸如苏丹这样的沙漠之国，居住环境也日益恶劣。但是未来几十年，发达国家也将遭受重大影响。澳大利亚一些天气炎热、旱灾频发的地区，将无法幸免于难。美国部分地区亦是如此，数百万人将被迫离开迈阿密、新奥尔良这样的城市，转而在俄勒冈州、蒙大拿州这些气温较低的区域寻求安居之所。为了有更多空间容纳这些人，人们还需建造一座座新城。

单是印度这一个国家，就有将近 5 000 万人面临类似的潜在风险，另外数百万人将迁到拉丁美洲及非洲。南欧得天独厚的地中海气候也开始北移，从西班牙到土耳其开始规律地出现类似沙漠气候的自然现象。与此同时，由于气温升高，水资源匮乏，土壤条件恶劣，中东部分地区的居住环境条件已触达可忍受下限。

人类将要动身迁移，而实际上他们已经在出发的路上了。

我们正身处一场涉及全人类的大变局中，不仅碰上了前所未有的气候变化，也面临着人口结构的调整。

全球人口将会在未来几十年持续增加，大约在 2060 年至 2070 年突破百亿大关。大部分的人口增长出现在热带地区，这也是最容易受气候变化影响的地区，所以会有大批人口向北迁移。而大部分位于北半球的发达国家面临着恰恰相反的问题，人口结构头重脚轻，大量的老年人口依赖极少的劳动力人口抚养。包括西班牙和日本在内的至少 23 个国家，会在 21 世纪末遭遇人口数减半。北美和欧洲有 3 000 万人超过传统意义上的退休年龄，到 2050 年老年人口抚养比将达到 43%，即每 100 名 20 岁到 64 岁的劳动年龄人口要负担 43 名老年人。从慕尼黑到布法罗，各大城市你争我抢，吸引外来人口流入。这场"抢人大战"在 21 世纪末将会愈演愈烈，与此同时，一些原本因气候变化而不再宜居的南部地区，居住条件将会得到改善，不管是通过气候工程创新实现全面降温或局部降温，还是运用二氧化碳移除技术和其他技术干预手段，大大减少降温的成本。21 世纪将会迎来真正意义上的全球人口大迁移时代。

从现在起，我们就要开始务实地规划，采取全物种的方法，以确保我们的人类系统和社区有能力抵御即将到来的冲击。我们已经知道，到 2050 年，当我迈入古稀之年时，世界上哪些群体需要动身迁移。我们也知道，到 21 世纪末，当我们的下一代都垂垂老矣之时，世界上哪些地区最为安全。

从现在开始，我们就要着手寻找哪些地区能够可持续地容纳这几十亿需要迁移的人口。要做到这一点，需要全球范围的外交政策、跨境磋商谈判、现有城市的适应调整。例如，未来北极地区可作为数千万人的容身之所，其居住环境相对符合要求，但是那里现有的基础设施几乎可以忽略不计，同时永冻层消融，地面开始下陷，必须经过重建以适应温度升高。要为这场气候迁移做准备，意味着要分阶段地撤离一些大城市，搬迁到其他地区，甚至在完全陌生的地方建造新城。我所居住的城市——伦敦，至少有 2 000 年历史，有 900 万居民。而我们却仅有几十年去改造、扩建一些地方，甚至打造同量级的城市。新冠肺炎疫情已经证明，我们能够仅用数天时间搭建临时医院，因此我深信不疑，我们同样能在短短几年内完成雄心勃勃的造城大计。然而，那又会是什么类型的城市？地理位置如何？什么样的人会住在那里呢？

这场即将到来的大迁移规模浩大，牵连广泛，不仅涉及逃离致命热浪的最贫困群体、粮食歉收的农民，还会波及高学历群体、中产阶级，以及因各种原因无法按计划居住到理想住所的人们。有些人是因为无法拿到按揭贷款或财产保险，有些人是因为大量的工作机会被转移至其他地区，有些人是因为周围邻居都搬到气候更为适宜的地带，从而导致居住环境冷清。气候变化已经迫使数百万美国人背井离乡。2018 年，有 120 万人因极端气候搬迁。截至 2020 年，每年因气候变化致死人数已增加至 170 万。现在美国每隔 18 天，就会有一场经济损失高达 10 亿美元的灾难发生。2021 年，一项针对美国迁移人口的调查中，有半数人将气候变化风险作为搬迁的原因。

当我在撰写本书时，美国西部有一半以上的人正面临极端干旱气候。俄勒冈州克拉马斯盆地的农民正在讨论，如何冒着违法的风险强行打开堤坝大门获取灌溉水源。我们来看看另一个极端况情。科学家和记者联合建立的气候研究组织——气候中心（Climate Central）数据显示，到 2050 年，有 50 万户住宅所在的区域每年至少会发生一次洪灾，而这些住宅的估值高达 2 410 亿美元。即使楼房没有进水，只要附近基础设施被洪水淹没，整个住宅区就会丧失居住功能，居民便会纷纷搬离。一些重要城市的居民都会受此影响。例如，新奥尔良市有 40 万居民被极端天气波及。由于路易斯安那州的让·查尔斯岛海平面上升，海岸遭到侵蚀，政府拨款 4 800 万美元用于整体搬迁。由于海水不断侵蚀陆地，英国威尔士的费尔伯恩村的村民将面临自己的家园被放归大海吞食，整个村庄将于 2045 年一举搬空。一些规模更大的滨海城市也面临类似风险。预计到 2050

年，威尔士首府卡迪夫将有 2/3 的城市地块被海水淹没。

对于正在阅读此书的你而言，这场即将到来的剧变可能会是一次突如其来、让人措手不及的大逃离。气候变化彻底打乱稳定的粮食产量，粮食价格随之暴涨，由此引发的暴力冲突事件频频上演，让人不禁感到危机四伏。长年居住的小镇因为一场飓风被破坏殆尽，伴随我们长大的村落也因为海水侵蚀可能不复存在。这场剧变可能会紧随大灾大难突然降临，也有可能在点点滴滴间慢慢现形。据联合国国际移民组织预测，仅仅 30 年后，因生态环境引发的迁移人口将多达 15 亿。2050 年后，当全球进一步升温，世界人口于 21 世纪 60 年代中期达到预计峰值，因生态环境因素迁移的人数将继续飙升。由于自然灾害而举家搬迁的人数已经是因战争冲突搬迁逃离人数的 10 倍之多。

我们借由环境的变化缔造着一个全新且截然不同的世界。人类作为有觉知力的生命体，是唯一能够完成改造地球这一无畏壮举的生物，我们必须运用自己的经验和智慧，充分发挥才能，完成自我拯救的使命。

当然，我也曾因为焦虑上网搜索加拿大和新西兰的房价，想为我的子女找一个有水资源保障、绿化充足的安身之地，以应对未来几十年的生活。但我也必须接受这样一个事实，这种挑战是无法仅凭一己之力完成的。也许，我们能以"自扫门前雪"的方式参与到这场史上最大规模的迁移中，比如，用金钱在气候变化影响最小的地方换取一时的安全，但如果我们真这么做了，就会违背人类的生存平等，而这对所有人而言都贻害无穷。贫富对立的壁垒一旦竖立，我们面临的可能是大量生命的消逝、骇人的战争与苦难。我们现在目睹的只是小灾小难，但我们不能任其在未来数十年演变成浩大且失序的大灾难。否则，我们所有人都将永无宁日，更遑论这其中的道德憎恶。国际社会应凝心聚力，共同解决这个人为造成的困境。人类是独属地球的物种，仰赖地球这独一无二、共通共享的生物圈。因此，我们必须用全新的视角看待我们居住的星球，慎重考虑如何安置迁移人口，满足人类的所有需求，同时也能保证未来的可持续发展。

因此，我们需要大胆地转变思路。人类需要思考的问题是，不涸泽而渔、不焚林而猎的应许之地到底是何模样。假使我们能成功缔造人类联合体，尽管自身发展及粮食生产会限制在更小的区域内，人类还是能继续成为地球的主导力量。我们正身处人类世[1]，需要寻找全新的方式供应粮食及燃料，维持现有的生活方式，同时减少大气中的二氧化碳含量。随着居住环境人口密度变高，可居住城市越变越少，我们还要控制人口拥挤所带来的相关风险，如供电故障、卫生问题、极端天气、环境污染、防控传染性疾病传播。

同样具有挑战性的是如何摆脱地缘政治思维，即对所处某个地区的归属感及占有欲。换言之，当我们成为各国的避难者，我们需要一起完成地球公民的华丽转身，我们要褪去部族身份的外衣，打开涵盖全人类的身份视野。当我们居住到全新的城市，甚至搬到两极地区，我们需要充分地融入全球化和多样性的群体中。如有必要，我们要做好再次搬迁的准备。

气温每上升一度，就会有大约 10 亿人被迫离开生活了上万年的安居之所。要从容应对这场即将到来的剧变，使其不至于完全脱离可控范围，造成极其严重的伤亡，我们的时间所剩无几。迁移不是

---

1 人类世是指地球的最近代历史。人类世并没有准确的开始年份，可能是由18世纪末人类活动对气候及生态系统造成全球性影响开始。

我们面临的难题，而是化解难题之策。迁移将拯救全人类，假使没有迁移，人类便不可能存在。

其实，我们每个人内心深处都藏着游牧者的灵魂，因为迁移是人类 DNA 不可或缺、实实在在的一部分。几十万年前，人类的祖先已经在进化过程中拥有了在任何地方居住的适应力。这也是人类能成为最高阶物种的原因。

让人类更为独树一帜的是，我们不仅会自己迁移，还能转移包括牲畜、作物、水资源、物质资料在内的其他东西。我们构建网络，交换基因，互通有无，交流思想，才得以生生不息，发展壮大。最终，我们构建的网络变得极为强大，因此人类也不必自己迁移，而是将地球上的各种资源召唤到身边。这就是所谓的"虚拟迁移"。与其他动物不同的是，人类的生存不仅依靠所在之处的资源，也依靠一直以来都在进行的"虚拟迁移"。当我在电脑上敲下这段话时，使用的是刚果矿石为原材料的元件，身上穿的是越南制造的衣服，刚吃的午饭是产自秘鲁的土豆。人类的生态足迹遍及整个地球，这也在重塑我们生活的星球。

接下来的数十年，我们面临各种各样的危机：酷暑、火灾、洪水、海平面上升、人口结构调整，以及人口数量持续增加。每一个危机的深层原因，以及促使其演变为全面人道主义危机的催化剂便是贫穷和不平等。气候变化常被称作"危机倍增器"。受气候变化影响最大的群体，往往是那些已经在基本生活及生命安全方面遭受种种威胁的群体，比如环境恶化、收入不稳定、经济上捉襟见肘、无法节约资源、低成本医疗资源匮乏、卫生健康体系不健全、政府治理不力、缺少主观能动性和面对现状的无力感。面对气候变化的冲击与压力，受到最严重打击的恰恰是韧性最弱的群体，气候变化的影响已经完全超越他们的能力范围。我们面临着气候变化的"种族隔离"。

本书试图呈现一些日益显现的地球危机。在此给各位打个"预防针"，情况不容乐观。但请大家务必保持强大的内心，因为我们马上会发现解决之策近在咫尺。

本书试图探寻到底未来人类的安居之地在何处，人类会以何种方式居住，其中涉及的人口数量，以及何处可获得粮食、能源、水资源等问题。即便对那些无须自己搬迁，但要接纳外来人口的居民而言，生活也会发生翻天覆地的变化。大大小小的城市将会重新寻找自身定位，经历一系列改造，适应不断变化的自然环境和过度扩大的人口规模。这些调整和改造将让城市经历改头换面的剧变，也借此机会升级改善。作为国际社会的一员，我们看待彼此、理解彼此的方式，将会因为新世界的诞生而被彻底颠覆。

如何应对这场全球迁移，迁移过程中，是否以人道主义的方式对待自己的同类，将决定我们到底在 21 世纪这场剧变中是全身而退，还是历经暴力冲突，遭遇不必要的死伤。若处理得当，这场剧变后，人类可能会迎来新的全球联合体。

人类不断进化的其中一个结果是能够彼此合作，另一个结果则是能够在各地迁移。等待我们的这场剧变或许史无前例，但其酝酿的土壤正是人类通过迁移这样的适应性行为而创造的漫长历史。现在人类需要重新唤醒蕴藏在我们身体里的迁移基因——四海为家的天赋。

当我们为了保护全人类而修复大自然时，我们会借机意识到，人与人彼此依赖，人类也依赖大自然。本书的最后部分，将探讨如何将地球重新变成宜居的家园，如何让大量人口重回热带地区。这意味着 21 世纪的标志性难题——极其危险的全球高温是能够通过一些途径得到缓解的，例如让能源体系脱碳，大气除碳，反射太阳光至太空。我会谈及最前沿的科技创新，以及各国在政治、社会、外交领域需要平复的剧烈冲突，只有这样，才能为 90 亿人创建一个正义的世界。当你在阅读本书时，不管站在意识形态分歧的哪一端，我都希望你能用开放式思维去看待书中呈现的各种思想，希望你能克制本能的冲动，不要一看到大刀阔斧的社会改革，就立即予以否决，并贴上"天马行空"和"不切实际"的标签；不要一看到用科技手段解决问题，就觉得这有些不近人情或是隐患重重。人类是兼具社会属性和科技属性的高级灵长类动物，他们会运用这两个领域的高超技能解决各种问题。而面对史上规模最大的人类危机，我们必然会全面地使用工具箱里的所有工具。不管是大规模的科技变革，还是追本溯源的社会改革，都绝非易事，还会伴随着阵痛，带来重大挑战。但目前人类所处的境遇已经让我们别无选择。本书仅为我个人对于未来人类生存最佳之策的见解。

从小到大，我历经各类移民逸事的耳濡目染，一直以来，我都对外来者抱有好感。我自己就是移民和难民的后代，曾旅居 3 个大洲，游历世界各地。在一次历时最久的旅行中，为给我的第一本书做调研，我花了两年半的时间到访 50 个国家。我的采访对象既有王储和总统，也有赤贫之士，我对他们发出灵魂之问：失去家园到底意味着什么？其中马尔代夫和基里巴斯两国的时任总统，由于国土受气候变化影响逐渐消逝，正面临着艰难的抉择。我也曾经拜访过无国籍的"碳民"，他们住在一座岌岌可危、朝不保夕的泥礁上，四面都是流经印度与孟加拉国两国的恒河。我也曾经和非洲及中美洲的采集狩猎者一起生活，对他们而言，住所从来都不意味着固定的住址。过去 10 年，我一直在研究日益加剧的环境变化背后的科学原理，包括大气升温、生物多样性丧失及农田面积扩大。我们已经迈入人类世，人类面临的一切都是前所未有的。我曾经以写作的方式探讨野生生物及人类面临的威胁与隐患，也曾以广播电视节目的形式探讨人类如何适应气候变化之下的新世界。但是我很少提及或倡导的一种适应之策，也是应对气候变化最为重要的方法，并且随着时间的推移，将是我们唯一的选择，那便是——迁移。

作为科班出身的科学研究者，我知道人类历史上的数次气候变化即便不持续几百年，至少也要经历几十年。全球温度正在不断攀升，即便如此，人类依旧没有停止排放二氧化碳。采取行动的窗口期已经关闭。

目录
CONTENTS

第一章

暴风骤雨

人类社会的前景不容乐观。我们面对的是环境、社会，以及人口结构的巨大灾难。城市将被淹没，海水污浊不堪，生物多样性骤减，酷暑超越忍耐的边界，多国已无宜居之地，饥荒日益普遍，世界人口将逼近百亿大关。未来全球气温还要攀升 3—4℃，现在想来只会觉得如噩梦般可怕，但数十年后这一切将成为现实。

上述问题牵一发而动全身，还会彼此助长，最终导致灾难犹如雪崩一般排山倒海地袭来，波及全人类。民调显示，世界范围的大多数民众相信，人类正处于"气候紧急状态"。即便这样具有警醒意味的表述，也无法涵盖灾难的严重程度，这是一场足以令人类社会土崩瓦解的灾难。

2022 年，大气中的二氧化碳浓度已达到 420ppm，这是过去 300 万年来的峰值。纵观整个人类进化史，目前全球的升温状态是前所未有的，而且这一切正在迅速发生。在人类的认知范畴内，唯一超越目前这场人为引起的全球变暖、带来更为迅速的气候变化的灾难是 6600 万年前的白垩纪——古近纪陨石撞击地球。这场灾难最典型的事件便是恐龙灭绝，同时也释放了多达 600—1 000 千兆吨的二氧化碳（还有其他大量导致气候变化的气体）。然而，如今人类如同当年的陨石，竟沦为气候变化的始作俑者，仅用 20 年就导致 600 千兆吨的二氧化碳排放量。

如今我们置身于自己一手造成的同样危险的生存环境中，而面对这场即将降临的灾难，我们的抵御能力或许只是勉强胜过当年的恐龙。迄今为止，人类齐心协力还是没能成功应对由贫穷、气候变化、生态失衡构成的"三重危机"。不论是应对范围还是应对速度，都无法解决最易受气候变化影响群体的燃眉之急。

让我们谈一谈气候变化。众所周知，二氧化碳排放让大气层及海洋的温度不断上升，导致极端天气现象，海平面升高，全球降雨模式改变。这些都会威胁人类的安全，人类必须在停止碳排放方面快马加鞭，不仅是清除大气中二氧化碳的新增排放量，还要在此基础上进一步减排。换言之，我们不能满足于"净零排放"，而要开始着手将二氧化碳含量降至安全水平。上述这些，我们都心知肚明。但是人类置身于一套庞大且复杂的经济制度、文化制度及科技制度之中，改变这些制度的过程必然极其缓慢。21世纪全球升温4℃，似乎注定是我们无法避免的。

全球升温的根本原因是世界范围内的能源使用量在不断增加（在接下来的数十年会继续增加）。由于这些能源需要燃烧化石燃料，因此大部分能源会向大气层排放二氧化碳。根据地球升温的物理原理，我们有如下几个显而易见的解决方案可供选择：①大幅减少能源产量；②在二氧化碳进入大气层前进行碳捕捉；③在不燃烧化石燃料的前提下生产能源。这个物理公式一旦被代入真实的人类世界，被置于社会经济制度与政治体制的背景下，一切就变得更为复杂了。如果有人声称进行全球脱碳或解决全球变暖是易如反掌的，这个人要么愚不可及，要么就是在蓄意行骗。全球脱碳和全球变暖是迄今为止人类社会面临的最复杂的问题，这是个难题，而人类自身又让这一切难上加难。因为发达国家的既得利益者让其他国家的处境变得极为艰难，尤其是经济最不发达的南部国家，而这些国家恰恰面对全球变暖，最为束手无策。全球变暖的问题之所以产生，是因为我们是人类，虽无所不能，却不尽完美，但依旧能创造奇迹。我们只有恪守作为人类的本分，才能解决全球变暖的问题。

我们已经能看到诸多振奋人心的迹象，世界各国也开始行动。首先，几乎所有人都接受全球变暖这场人为危机的存在。2015 年，全球温度比工业化时代来临前上升了 1℃，各国代表齐聚巴黎，召开气候变化大会，承诺将气温上升幅度控制在远低于 2℃ 的范围内，到 2100 年进一步将气温升幅控制在 1.5℃ 范围内。2021 年格拉斯哥气候变化大会上，各国上调减排目标，并采取重大举措，努力落实《巴黎协定》的目标，其中最亮眼的举措便是可再生能源发电数量的惊人增长。如今建设全新的太阳能发电站或风能发电站，要比使用现有火力发电站的成本更低。英国的可再生能源发电量一直稳定地高于化石燃料发电量。可再生能源成本的锐减和能效加速提升正在同时发生。我们拥有性能更好、更高效的太阳能电板、风力涡轮机、电池及电车，也更懂得如何将可再生能源发电接入电力系统。上述的一切技术都只会不断进步。

虽然，我们取得的进步是振奋人心的，但是对于稳定排放量而言，这只是冰山一角，更无须说要减少排放量。若要将温度升幅控制在 1.5℃ 之内，我们必须到 2025 年将全球排放量减半，到 2050 年实现"净零排放"。然而，我们的温室气体排放量仍在持续增加（虽然新冠肺炎疫情导致全球部分产业停摆，每年温室气体排放量仍旧持续增长）。全球气温持续攀升，冰层加速融化，正如科学家所预测的那样，全球气候正不断恶化。如今，二氧化碳浓度比工业化时代来临前均值高出 50%。

许多科学家认为，要在 21 世纪末将温度升幅控制在 2℃之内几乎是不可能的，更遑论 1.5℃这个所谓的"安全目标"。大多数国家距离自己承诺的减排目标相去甚远。即便各国尽可能地完成减排目标，它们各自制定的指标本身就力道不足，想要达成增幅 2℃以内的目标是远远不够的。很多国家没有上报真实的排放量，因此它们的排放目标本身就建立在错误数据的基础上。2021 年，位于北极圈内的芬兰小镇萨拉申办 2032 年夏季奥运会。2035 年，北冰洋或将迎来第一个"无冰之夏"。

根据气候模型预测，2100 年全球气温将上升 3—4℃。请记住，这只是全球平均数值。一旦排除海洋温度，我们会发现，两极地区及人类居住的陆地温度升幅将会达两倍之多，也就是说，到 2100年，人类可能体验到的温度增幅会高达 10℃。这一天离我们似乎遥遥无期，但请好好想想，到那时还活在这个世界上的人有多少和我们真的毫不相干？我们的子女已成为耄耋老人，而他们的孩子才步入中年，也会有自己的下一代。我们现在一手创建的世界，最终会是他们的世界，一个和现在截然不同的世界（见图 1-1）。

让我们假设 21 世纪末全球升温 4℃的场景，这是一个完全可能实现的数值，实现的可能性超出大部分人的预估。下面请耐心听我解释原因。气候模型的构建者根据未来不同的排放场景预测温度升幅。联合国政府间气候变化专门委员会（IPCC）描绘了 21 世纪全球或将实施的 4 种不同的经济规划（专业术语称为"典型浓度路径"，即 RCP）。RCP8.5 指的是人类继续按照原有碳排放，而不试图进行经济"脱碳"。RCP6.0 是中等排放量，指的是碳排放

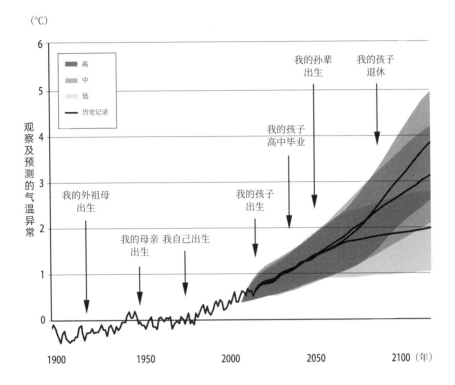

图 1-1　经历全球变暖的一代：有生之年，温度会升到多高

于 2060 年达到峰值，之后锐减。RCP4.5 同为中等排放量，但在减排上更为雄心勃勃，将于 2040 年实现 "碳达峰"，再减少排放量。RCP2.6 是最为严苛的排放目标。2021 年，召开第 26 次联合国气候变化框架公约缔约方会议后，各国目前实施的政策介于 RCP4.5 和 RCP6.0 之间，而未来的真实场景更有可能是 RCP4.5。各种预测显示，2100 年全球升温 4℃的可能性介于 "绝对会发生" 与 "相当有可能会发生" 之间。的确如此，即使我们坚守中等排放目标，全球温度还是极有可能于 2100 年之前，甚至在 2075 年就上升 4℃。

针对不同的排放场景，我采用的是由英国气象局绘制的年均地表温度变化数据（与工业化时代以前的温度相比），因为这些预测数据综合考虑了真实世界中纷繁复杂的各种情况。例如，当土壤温度升高，生物物质会加速腐烂，因而会以更快速度释放更多二氧化碳到大气中。图 1–2 中的阴影部分范围是模型系统结合诸如云层及水蒸气回流等不确定因素给出的最精准的预测。而联合国的主要预测数据中，并未包含这些内容。随着人们对气候模型的认知不断更新，图中的阴影部分范围可能会变得更小。但是英国气象局的预测中并没有详尽体现永冻土层融化和火灾所造成的影响。

很多人并不会注意到每隔 10 年仅仅几度的气温变化（见图 1–3），但最为迫切的难题是过高温度所引发的极端天气，如热浪、

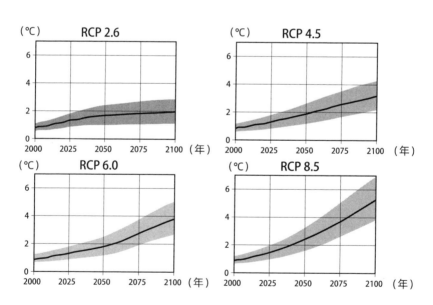

图 1-2　英国气象局根据各经济体可能进行的不同的减排路径预测
全球平均温度

注：图中的阴影部分就是全球平均温度的可能范围。

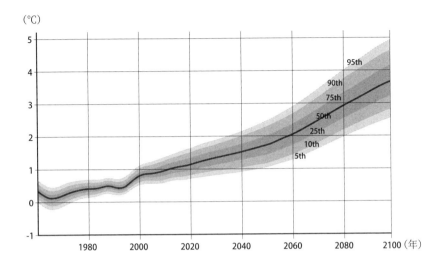

图 1-3　英国气象局在中高排放场景下，较工业化时代前水平气温升
幅预测值，综合考虑真实世界环境

注：升温 1.5℃时平均空气温度异常。

突然暴涨的洪水、猛烈的飓风，以及致命性的火灾。正是这些颠覆
了人类的生活。

　　值得警醒的是，种种迹象表明，我们现在的运行轨道可能已经
超过中度排放路径。2021 年发布的研究表明，冰层融化正以前所未
有的进度不断加速，其流失率与联合国政府间气候变化专门委员会
预估的最坏情况一致。融化的冰层大约有一半是陆地冰，会直接导
致海平面上升。南极洲及格陵兰岛冰层加速融化的速度最快，按照
这样的进度，21 世纪末海平面将上升 / 米。2021 年底的研究报告称，
思韦茨冰川（Thwaites Glacier）出现大型裂缝，并且仍在不断扩大。
思韦茨冰川是贯穿南极洲西部的巨型冰原，面积大小相当于英国或
佛罗里达州。根据报告的预警，支撑思韦茨冰川的冰架可能在短短

5 年内断裂，其连锁反应将引发其他冰川一起崩塌。如果思韦茨冰川完全融化，那么海平面将上升 65 厘米，若波及周围其他冰川，海平面上升会达到数米。过去 25 年里，有多达 28 万亿吨陆地冰融化，经研究计算，如果将这些冰层覆盖整个英国，其厚度可达 100 米。浅色的冰面一旦融化，就会露出颜色较深的岩石和海水，太阳的热量会被吸收而不是反射掉，这样会更加速温度上升。

2021 年，北极研究学者宣布格陵兰岛面积较大的冰盖已到达临界点边缘。一旦过了临界点，即使全球变暖停止，冰层加速融化也会成为板上钉钉的事情。考虑到这些因素，2100 年全球气温上升 4℃的可能性足以让我们准备好打一场硬仗。

平均 4℃的温度升幅会让全球产生翻天覆地的变化，人类会经历前所未有的一切。

地球的历史温度曾经到达过比现在高 4℃的水平。但那是远在人类出现以前的 1500 万年前的中新世时期。当时，北美洲西部火山剧烈喷发，释放大量二氧化碳。海平面比现在高 40 米。亚马孙河的流向与现在正好相反。加州中央山谷是一片开阔的海域。海道从西欧一路延伸至哈萨克斯坦，最终流入印度洋。南极洲生长着茂盛的树林。大气中的二氧化碳含量上升至 500ppm[1]，而这个数值已经是我们现在竭尽全力控制碳排放所能达到的最乐观的情况了。然而，这场全球变暖时间花费了数千年，因而动植物有充足的时间去适应全新的环境。最关键的是，当时的生态环境还没有人为的负面影响。

2100 年，整个地球的前景一片黯淡，当各种动物一路迁移，苦

---

1 ppm：(Parts Per Million)百万分率，定义为百万分之一。——编者注

苦适应新环境，势必会有大量物种消亡。海洋也会出现大片死亡区，因为伴随着水温的升高海水中的污染物会导致海藻数量暴增，从而耗尽海水中的氧气，海洋生物将无法生存。最严重的是，二氧化碳溶解于海水中导致海水酸化，因此大批贝类、浮游生物及珊瑚礁将会死去。2100 年之前，气温升幅介于 2—4℃时，珊瑚礁便会不复存在。作为鱼类绝佳的生长环境，一旦珊瑚礁消失，全球鱼类数量也会急剧下降。

到 2100 年，海平面可能会上升 2 米。那时，我们已经在"无冰世界"的道路上一去不复返了，格陵兰岛和南极洲西部已经过了加速融化临界点，照此下去，之后的几个世纪，全球温度必将上升至少 10℃。到 2100 年，很多其他的冰川也已经消失，其中一些是亚洲重要河流的源头。

赤道带极度潮湿的环境会让亚洲热带地区、非洲、大洋洲及美洲产生无法忍受的热应激反应，从而导致这些区域一年大部分时间无法住人。由于二氧化碳浓度较高，特别是因为没有人类生产生活的基础设施，极度潮湿的赤道带有利于耐热树种生长，特别是像葡萄这样的藤本植物，会比生长速度较慢的树木更加如鱼得水。赤道带以北及以南地区，由于沙漠带不断扩大，人类无法进行农业生产，也无法居住。根据一些气候模型预测，沙漠带会一直从现在的撒哈拉地区延伸至南欧及中欧地区，因而那里的河流，诸如莱茵河和多瑙河会逐渐干涸。

根据气候模型预测，由于大西洋东向信风减弱，位于南美洲的亚马孙地区会变得更加干燥，火灾更加频繁，热带雨林也退化为草原。大量的砍伐是亚马孙雨林临界点的导火索。完好的森林可以预防干旱发生，因为森林能够搭建并保有潮湿的生态系统，而当环境遭到破坏，这个生态系统就不再封闭，水分便会流失，因而退化为稀树草原。到 2050 年，像亚马孙雨林这样的热带雨林释放的氧气量将超过吸收量。

毫无疑问，这样的地球对人类而言越发不友好，越发危险。由于高温，世界上的大片区域已无法住人，粮食供给也是我们需要努力解决的问题。因为热应激和干旱，一些原有的粮食种植区已经不再适合作物生长。即便降水增加，由于土壤温度升高，加剧蒸发，人类很难获取充足的淡水资源。全球粮食价格飙升，无法获取足够食物的人们会纷纷涌向街道、城市，甚至越过国界。海平面升高将会让低洼岛屿、沿海地区无法住人，而居住在这些地区的人口接近世界总人口数的一半，据估计，由此产生的难民将达到大约 20 亿。

全球气温上升 4℃的前景是极其可怕的，多达数十亿人将再也无法居住在地球上。我由衷地希望，人类千万不要沦落到这般境地。但看看现在气温比工业化时代前仅仅高出 1.2℃，我们的处境就已如此艰难。全球温度已经比过去 10 万年都要高。我们当下之所以没有目睹翻天覆地的变化，南极洲也没有长出郁郁葱葱的雨林，只是因为这些变化都是逐渐显现的。地球的运行机制正在对大气中产生的变化做出反馈，但这两者并没有形成平衡，若要形成平衡，需要长达几百年的时间。

人类一度受到异常稳定的气候的庇佑，使粮食能够很好地生长，人类文明繁荣发展，如今那个历史上的黄金时代已经一去不复返了。当我们被一次次的极端天气左右夹击，这一切便初现端倪。值得警醒的是，地球水循环（即水从地表蒸发，而后又凝结降落至地面的模式）加速的幅度，已经是气候模型预测的两倍之多，到 21 世纪末，将会比原来加快 24%。这会导致更为猛烈频繁的飓风，以及降雨量的大幅增加，还会致使重要天气系统发生转变，如赤道辐合带。这是一个赤道附近的降雨带，信风在此交汇。赤道辐合带会有季风产生，而纵观历史，季风的地理位置会带来决定性的影响（例如玛雅文明的陨落）。当全球气温上升，赤道辐合带会如何变化，不同的气候模型对此存在分歧。但不管怎样，未来等待我们的要么是更加严重频繁的旱灾，要么恰恰相反，是滔天的暴风雨和洪水。

即便是 21 世纪 30 年代初就会到来的升温 1.5℃，也并非小打小闹。一旦地球温度到达这个水平，每隔 5 年，将有约 15% 的人口面临致死性热浪，这个数值是 13 亿。如果气温升幅达到 2℃，这一数字会变为 33 亿，农作物歉收的可能性会是现在的两倍，渔获量减少的幅度也会翻倍。海平面上升的速度会比最消极的预测还要糟糕。

未来，我们的地球将彻底丧失生物多样性，而生物多样性恰恰是人类生存所仰赖的，到那时人类将面临从火灾到旱灾的各种负面冲击。不出几十年，我们的地球可能会变得动荡不堪，冲突四起，大量生命消逝，整个人类文明也面临终结的风险。

第二章

人类世的四骑士

气候变化是"危机倍增器"，会加剧人类遇到的其他社会问题、环境问题及经济问题。火灾、高温、干旱及洪水改变了 21 世纪的地球。这四大灾害作为人类世的四骑士，会让我们的地球完全丧失居住属性，下面让我细细道来。

火 灾

对于我的阿姨海伦而言，2020 年澳大利亚新南威尔士州南岸的新年曙光迟迟未到。新年伊始，漫天烟尘将天空染成黑色，诡异的橘色火光将天空点亮，没日没夜地燃烧着。海伦阿姨在拥挤的沙滩上待了整整一天，和她一起的还有其他数百名被疏散的居民，以及各种宠物家畜，大家被烈火筑成的高墙团团围住。道路变得水泄不通，火焰燃烧时发出阵阵轰响，所有人都待在海边避险，然而火焰还是接连不断地袭来。最终，他们坐上救援船只，才免遭潮水吞噬。

数天后，成千上万具鸟类尸体被冲刷到同一片海滩上，其中包括深红玫瑰鹦鹉、蜜雀、彩虹吸蜜鹦鹉、知更鸟、国王鹦鹉、鞭鸟、黄尾黑凤头鹦鹉，这些鸟类本想在海边停靠，却因为吸入烟尘，精疲力竭而失去生命。

短短几周时间里，海伦阿姨需要从家中撤离两次，而她住在新南威尔士州北部的姐姐玛姬阿姨只撤离了一次，她有足够的精力带走珍贵的物品、相片和文件。一旦火灾发生，玛姬阿姨便会和家附近的消防队一道参与救援。她会戴着防护器具，凭借 75 岁的身躯扛起水箱，沿着陡峭的森林小道跑上跑下，忙着扑灭树木烧焦后留下的余火。

玛姬阿姨说："救火工作非常繁重辛苦，十分吓人。"但她意识到这是一种新常态，即与火灾共存。你需要接受不确定性，接受持续不断磨砺着你的压力，接受塞得满满当当的背包。一方面，你需要依靠社区支持，接受极其糟糕的空气质量，接受自己持有的房产价格"跌跌"不休；另一方面，保险价格却噌噌上涨，前提是你还有购买保险的资格。每一场致命的火灾都会吞噬掉部分人类居住的地区。有些地方由于火灾风险过高而无法住人，有些小型社区干脆直接从地球上销声匿迹或是取消扩建计划。澳大利亚整个国家可供人类安然居住的地方越来越少。

如果不是因为席卷全球的新冠肺炎疫情，2020 年本应该是人类惊觉"火焰时代"到来的一年。2020 年初，澳大利亚人要么笼罩在污浊不堪的浓烟下，要么与规模及严重性都无法想象的森林火灾作斗争。多达数百处地方被熊熊烈火吞噬，破纪录的高温将人们压得喘不过气，有超过 10 万人被告知需要撤离高风险区，这也是澳大利亚史上规模最大的一次疏散行动。

"黑色夏季"得名于澳大利亚最严重的森林火灾，这场灾难正是直接由气候变化所致，因为 2019 年是澳大利亚史上最炎热、干旱的年份。随之带来的影响会延续数十年，即便有一天这样的森林火灾会变得稀松平常。哪怕住在离森林很远的城市居民，一遇到烟尘，也会不堪其扰，接连数月受到污染的威胁。超过 80% 的人口受到影响，34 人丧生，6 000 幢楼房遭到毁坏。但真正死亡人数远不止这些。据估计，烟尘污染将导致 400 人过早死亡，也极有可能对未出生的胎儿及新生儿造成影响。烟尘的致死率是火灾本身的 10 倍以上。澳大利亚是移民国家，人口不断增加。但是如果一年中有 3—6 个月，人们都需要与无法忍受的高温和烟尘作斗争，还有人愿意住在这里吗？

火灾对当地生物也产生了极其恶劣的影响。一张张让人心碎不堪的照片，见证了火灾波及全球的严重影响。袋鼠和鸟类竭尽全力逃生，栖居在树上的考拉一边惊叫，一边在熊熊火焰中死去。近 30 亿只野生动物彻底消失，这也是现代史上最惨重的一次生态灾难。杀伤力之大，澳大利亚科学家将之称为一场"全面杀戮"。长满树木的森林，能够在"野火烧不尽，春风吹又生"的循环之下繁茂生长，然而面对日益频繁、波及面越广、越发严重的森林火灾，森林的修复力也在逐渐减弱。

澳大利亚"黑色夏季"的极端火灾反映了全球森林的发展趋势，从加利福尼亚州到英属哥伦比亚，从欧洲到亚洲，从亚马孙到印度尼西亚。森林具有天然的湿度，但是由于气候变化，环境更加炎热干燥，闪电更加频繁，降水减少，入侵害虫大量繁殖，原本郁郁葱葱的树木变得更加易燃。2020 年，加利福尼亚州遭遇了史上最严重的一场森林火灾，波及面积达 16 835 平方千米，10 万人撤离，30 人死亡。一些风力较强的地区，为了防止电线掉落或损坏时漏电，切断了电力供应，当地家庭在一片漆黑中惶惶不知所措。2020 年，估计有 10% 的巨型红杉树在火灾中被摧毁。温度高、湿度低、风速快是容易引发火灾的天气条件。到 2065 年将会增加 40%，到 2100 年，这种天气的天数在新南威尔士州的部分地区预计翻倍。

2019 年，亚马孙由于干旱频发，发生了数次火灾，绵延几千公里海岸上方，火灾产生的烟尘给圣保罗的天空蒙上了一层灰。欧洲的森林大火导致多国采取了疏散行动。欧洲南部诸如葡萄牙和希腊都发生了史无前例的大火，没有任何可以避难的地方，即使是湿地也在着火。即使地球上最寒冷的地方也没能幸免于难，北极地区也有森林火灾发生，其中规模极大的几场火灾波及了西伯利亚、阿拉斯加和格陵兰岛。即使到 1 月份，气温低至零下 50℃，西伯利亚的冰冻层还是会发生泥炭层火灾。这些所谓的僵尸火灾会在北极圈及北极区的地下泥炭层长年缓缓闷烧，最后演变为熊熊燃烧的大火，蔓延到西伯利亚、阿拉斯加、格陵兰岛，以及加拿大的寒带森林。2019 年，森林大火烧毁 400 万公顷的西伯利亚北方针叶林，持续燃烧 3 个多月，产生的煤烟和灰烬足以覆盖欧盟所有国家的面积总和。根据气候模型预测，到 2100 年，寒带森林及北极苔原发生的火灾次数会是原来的 4 倍。

接下来的几十年，美国的国家公园都可能会发生火灾，不仅整个西岸的火灾风险不断上升，五湖地区和大沼泽地这样的湿地的火灾风险也越来越高，比原来高了 500%。根据火灾模型预测，全球范围风险急剧上升的地区包括欧洲地中海盆地、非洲东北部黎凡特、南半球亚热带（巴西大西洋沿岸、非洲南部、澳大利亚中部及东部海岸）、美国西南部及墨西哥。规模很大的火灾能产生强烈的大面积烟雾，和火山喷发释放的气体一样，喷射进入平流层，通过环流输送到全球，长达数月，形成火积云。

除了破坏性影响，火灾还会导致全球升温，一方面是因为植被的破坏（而植被会降低二氧化碳含量），另一方面土壤中的二氧化碳和燃烧释放的二氧化碳增加了。"黑色夏季"总共释放了 12 亿吨二氧化碳，相当于全世界商用机全年的排放量。"僵尸火灾"对全球气候的威胁更大，因为燃烧时间更长，持续阴烧的火焰会将热量传导至土壤及永冻土层最深处，其二氧化碳释放量是正常火灾的两倍。

世界范围的火灾在不断增多，这不仅会影响人类的身心健康，及威胁人身安全，也会带来重大的经济损失。不管人们愿意与否，都必须搬离火灾附近的区域。想一想火灾带来的污染、烟雾、粉尘，未燃颗粒会危害健康，尤其对哮喘患者而言。我有一个朋友和孩子一道住在美国俄勒冈州，2020 的夏天酷暑炎炎，他们却因为森林火灾的浓烟无法开窗通风。由于新冠肺炎疫情的限制，他们也无法与朋友及家人相见。最终，大火的侵袭让我朋友一家不得不逃离，他们只好在车上住了好几天。其他被疏散人群或是有些人目睹自己的住宅或公司付之一炬，他们的处境更加艰难。他们当中有些人会回来重建一切，下次也许还会回来，但之后呢？对于很多人而言，他们已经没有主动选择的权利。对于风险较高的资产，保险公司可以拒保。针对高危地点，政府可以颁布重建禁令及住宅禁令。2022 年 1 月，导演亚当·麦凯发推文称："由于南加州遭受火灾洪水的风险过高，我的房屋险刚刚已经被拒保。"亚当·麦凯曾执导了电影《不要抬头》，这部电影讲的正是关于气候变化的末日寓言。我认识的几个住在加州的朋友也遇到类似的问题。某些地区的保险监管委员会出台了政策暂停保险取消，但从长期来说，这样的政策是不可持续的。

住在森林附近的人们有搬离的意向，而住在农村的居民也想搬到城市，因为那里有更好的消防设施。"黑色夏季"已经过去整整一年，澳大利亚仍有不少家庭居无定所，虽然身处经济发达国家，却住在临时搭建的棚屋中。

当然，我们完全可以通过加强管理尽可能减少火灾风险。然而最终随着地球变得越发干燥炎热，闪电更加频繁，森林火灾风险不断上升，人们将不得不动身搬迁远离火灾高发地区。

高 温

火灾威力巨大，伤亡惨重，故而往往会占据媒体头条，与之相比，高温似乎稍显低调，并不那么抓人眼球，其实高温的杀伤力更胜一筹。与 30 年前相比，全球 50℃以上的天数是原来的 2 倍。

历史上相当长时间里，大部分人居住环境的温度变化幅度都小得惊人，这样的气候条件能够保证充足的粮食产量。但随着全球变暖，温度极为稳定的气候带会逐渐往远离赤道的方向移动，几十亿人会因此直面高温的威胁。迄今为止，全球变暖带来的大部分多余热量被海洋吸收。仅 2020 年这一年，海洋吸收的热量就达到 20 泽焦耳（20×10^{12} 焦耳），这是一个令人难以想象的天文数字，接近 10 枚广岛原子弹在一秒钟释放的能量。这会对海洋生物带来严重影响，因为海洋表面温度升高，会放慢海水混合的速度，而海水混合对于氧气及营养物质向深海流动循环至关重要。这对于人类而言也有诸多危害，比如扰乱天气模式，增加极端气候和致命天气的概率。

由于海洋发挥的重要作用，陆地气候变暖似乎披上了一层保护色。然而陆地变暖正在发生，并且在快速发生。到 2070 年，每三人中就有一人可能亲身感受到长年高于 29℃以上的平均温度。目前而言，这种气候条件仅存在于最炎热的沙漠地带。而这一天的到来已经不需要等待几十年了。目前的气温已经超越了气候模型制定者升温 1.2℃的预期。2021 年夏季，美国死亡谷以 55.6℃的致命高温打破了人类最高气温纪录。拉斯维加斯的气温达到了 47.2℃。哪怕是加拿大的气温也达到 49.6℃，远高于 10 年的平均温度。反常的高温正在影响两极地区。2022 年 3 月，南极温度比季节正常值高出 40℃，北极温度比季节正常值高出 30℃。

高温一旦碰到潮湿环境便会变得极其危险。本来预计 2050 年才会达到的温度，我们现在就已经感受到了。地球气温每升高 1℃，大气中的水蒸气含量会增加 6%。这是致命性的，因为人类通过排汗及汗液蒸发降温，而在极其潮湿的环境下，汗液无法蒸发，所以人体温度会过高。

为了测量高温结合湿度带来的影响，科学家采用了湿灯泡测温法，测量能够通过蒸发降温的最低空气温度。从根本上讲，湿灯泡测温法需要用一块湿布包住灯泡，灯泡里装有温度计，可以测量空气温度。湿灯泡温度一旦超过 35℃（也被称为人类生存极限），即使是身体健康的人，也会中暑，并在 6 小时内死亡。这个温度看似较低，但如果换算成 50% 的湿度下的温度，相当于 45℃的气温，体感温度可能高达 71℃。例如 2003 年肆虐欧洲的高温热浪，当时的湿灯泡温度仅有 28℃，而死亡人数就高达 70 000 人。2020 年科学家发现若干地区的气温，自人类诞生以来首次突破 35℃的生存极限，例如波斯湾沿岸地区、印度及巴基斯坦河谷地区。值得庆幸的是，这样的高温每次仅持续 1—2 小时，但类似的极端气候会变得越来越平常。

到 2070 年，热带地区长年会像撒哈拉沙漠一样炎热，将有 35 亿人居住在这里，包括南北美洲、非洲、亚洲的大部分区域。21 世纪末，热带地区的范围将会比原来拓宽几千公里。研究显示，到2100年，高温会严重到在室外待几个小时就可以致命的程度。即使是阴凉环境下，通风良好时，身体完全健康的人遇到这样的高温也会有生命危险。极端高温地区包括北美中纬度地区、地中海区域、萨赫勒地区、南美正在迅速沙漠化的亚马孙雨林。居住在这些地区的人们需要迁移才能存活下去，在2070年远未到来之前，他们就要开始动身搬迁。到2070年，极端热浪会以10年为周期频繁发生，影响数十亿人。

自20世纪80年代起，置身于致命高温的城市居民数已经翻了3倍，受影响人群占世界人口总数的20%。未来30年，亚热带地区将会朝高纬度地区上移1 000公里。伦敦会像巴塞罗那一样炎热，莫斯科的温度会和保加利亚首都索非亚一样，东京的温度会变得和长沙一样。对于伦敦人而言，这似乎并非坏事，但从全球范围看，这意味着世界前44个超级大城市中，有40%的城市每年都会面临高温的威胁，这只是全球升温1.5℃的情况。如果升温2℃，多达10亿人会面临极端高温。如果升温4℃，受影响人数会增加到25亿。这些是2021年英国气象局的分析数据，都还没有考虑人口增长带来的影响。

如果升温1.5℃，到21世纪30年代，仅欧盟国家每年就会有30 000人死于高温。2010年俄罗斯暴发了一场历时两个月的超级热浪。受难者的尸体堆积在停尸房，熊熊燃烧的致命性大火呈不可控之势。洒水车需要沿路喷洒液体才能防止马路上的沥青融化。对于赤道附近地区，诸如印度半岛以及非洲部分地区，致命高温已时有发生，而更进一步的热浪则会带来致命性后果。如果没有覆盖面较广的空调设备，在任何一个普通的夏季，就会有成千上万人丧生。

如果人们在室外工作，不论是在田地里、马路上，还是在工地上，受到的影响都会尤其严重。为了满足升温2℃之后的生存需求，抵御热浪的来袭，非洲国家将斥巨资用于安装制冷设备。国际能源机构预测，到2050年制冷需求带来额外的电力供应量相当于美国、欧盟和日本发电量的总和。2020年的一项研究发现，到2100年，气候变化的致死率抵得上所有传染疾病加在一起的影响。这项研究的主要研究者称，高温已经间接导致很多年长者死亡。这和新冠肺炎疫情诡异般的相似。受影响最大的群体是那些原本就患有基础病或慢性病的人群。如果你本身就患有心脏病，再加上连日酷暑侵袭，那么身体就会被逼到崩溃的边缘。

极端高温除了会影响人类及动物的健康，影响农业生产，还会导致基础设施出现种种问题，比如公路、铁路、桥梁弯曲变形。全球气温每上升0.1℃，地面塌陷将会增加1%—3%。由于飞机在43℃以上便很难起飞，所以高温还会造成航班停飞。当人类因为高温突然间进入另一番境地，整个社会也会随之面临各种各样的问题。

原先科学家预计，将来某一天部分地区会因为极端高温变得不宜居住。但这一天可能会提前到来。因为根据最新气候模型预测，人类生存居住的温度阈值已经降低。研究者一开始将升温5℃作为大规模迁移的临界点，现在已经变成3—4℃之间。哪怕升温幅度不到2℃，也至少有10亿人不得不搬离原来的住处。

升温4℃的情况下，全球范围内人类置身于极端高温的时间将是现在的30倍，而在非洲，将增加高达100倍。每年经历长达数月高温热浪的地区，将不仅限于热带地区和中纬度地区，甚至会扩展到两极附近地区。2018年的一项研究显示，纬度30度以内地区一年内极端高温的天数将达到250天。由于一年中的大部分时间都是热浪天气，热带地区及亚热带地区将迎来翻天覆地的剧变。升温4℃的情况下，全球一半地区以及3/4的人口，每年会有20天时间面临致命性高温。例如美国南部各州每年的最高气温都会超过死亡谷的极端高温状况，一年中将会有长达两个月的温度超过37℃。即使是阿拉斯加内陆地区，每年温度也会超过34℃。请想一想，对于纽约这样的大城市而言，每年长达20—50天的致命高温天气意味着什么。而像雅加达这样的城市，则每一天都会遭受致命高温的考验。

在这样的高温下，全球范围内死亡人数增加将是必然结果。由于热浪侵袭，美国新增死亡人数预计是原来的5倍，哥伦比亚新增死亡人数预计是原来的20倍。受到极端热浪威胁最严重的地区是人口密集的恒河地区及聚居着全球1/5人口的印度河盆地。研究者称，这两个地区中，印度东北部及孟加拉国的"湿灯泡温度"将突破人类生存极限，而南亚其他地区的"湿灯泡温度"将接近人类生存阈值。有将近10亿人不得不面临一个艰难的抉择，要么随着夏季温度逐渐攀升，接受死神慢慢逼近，要么就彻底搬离。关注中国高温风险的研究人员警告称，高温和干旱会影响中国华北平原的宜居性，而这一地区又是世界范围内居住者密集的区域。未来30年，即使在RCP4.5的减排场景下，中国华北平原及东部沿海地区都有可能遭遇热浪高温，以及极具威胁性的"湿灯泡温度"。

你或许会认为，人类可以通过空调设备和海水淡化来克服高温和潮湿环境带来的难题。毕竟像迪拜和多哈这样位于沙漠地区的"炼狱之城"也是用这种方式解决问题的。卡塔尔已经开始使用空调设备进行室外降温，包括体育场、人行道、集市，以及餐饮区。由于采取这一措施，卡塔尔也成为全球人均碳排放最高的国家。的确如此，某些地区的一部分人只要大多数时间待在室内及有空调设施的地方，白天足不出户，甚至穿着电控降温连体衣，便可以长久忍受这样的高温潮湿环境。

然而，即使你刻意忽略这种极端适应手段需要耗费的能源及水资源成本，这种方法也只会对城市的小部分地区发挥有限的作用。毕竟，这些地区的人口在粮食等资源上严重依赖外部生产。试想一下，就连富庶的海湾国家也一直因为粮食安全问题担惊受怕，因为那里并没有永久河流或永久性淡水湖，所以像新冠肺炎疫情这样的外部冲击会带来极其严重的影响。像阿联酋这样的国家进口粮食供应量占所有粮食供应的90%。现在，全球一半的粮食都是在小型农场依靠人力生产的。然而，随着温度升高，无法在户外劳作的天数会越来越多，这会大大削弱生产力，影响粮食安全。越南种植水稻的农民为了躲避高温威胁，已经开始头戴照明灯在夜间劳作了。卡塔尔1—5月份开始实施劳工禁令，不允许人们在10:30—15:30到户外劳动。据《柳叶刀》气候委员会报告显示，2018年因极端高温及潮湿环境而损失的劳工时间总计1 500亿小时。

这个数字有可能会增加至原来的3—4倍，取决于到底有多少人还会继续从事农业生产，直到经济因素或现实因素让他们不得不停止工作。根据国际劳工组织的测算，即便在最乐观的场景下，假设21世纪全球仅升温1.5℃，到2030年由于热应激反应增加而造成的劳动力损失相当于8 000万个全职就业机会，若换算成货币值，全球经济损失可高达2.4万亿美元。这一数据只是保守估计，其前提就是：农业及建造业这样的室外工作可在阴凉处进行。可是显而易见，这通常是行不通的。世界上经济更为发达且气候可控的国家已经开始将一些工作条件恶劣、需要高温作业的岗位外包给经济落后且气候炎热的国家。工人们在极度拥挤、酷热难耐的"血汗工厂"里吃着中暑脱水的苦头，辛苦劳作至精疲力竭，就是为了生产出一件又一件防晒衣、一台又一台空调，给铺满大理石的酒店大堂添砖加瓦，这样发达国家的居民可以继续在凉爽的环境里安然度日。

这些变化都在让业已存在的社会不公变得愈加严峻。即便在发达国家，那些冒着难以忍受的高温热浪，还在农田里收割粮食的劳作者往往也是来自贫穷落后国家的移民。人口密集、经济状况稍差的街区，与绿化充足的富裕街区相比，往往更加炎热。妇女和女孩比男孩更有可能死于热浪。事实上，多项研究表明，妇女更容易受到灾难影响，其中包括气候变化。她们更有可能因极端天气而流离失所，失去工作或被降薪。女孩则更有可能失去教育机会。60%以上的妇女从事农业工作，她们比男子的适应能力弱，且获取信息的能力也差一些。

不公平会带来致命影响。在美国进行的多项研究显示，在人生前10年，高温对包括医疗及教育在内的方方面面会造成严重弊端。经济条件较差街区的主要居住者为黑色人种及拉丁裔居民，与同城的富裕街区相比，温度要高出2.8℃。居住在那里的家庭，空调安装率仅为富裕街区的一半，因而那里的居民身处高温的时间更长。带有种族主义色彩的住房政策导致社会群体分化，这种影响在一个人出生前就已经体现，因为高温会导致怀孕风险，这种危险对贫穷的黑色人种群体尤为凸显。未来几十年，美国南部将会遭遇高温和气候变化带来的严重的影响，将会愈演愈烈，不断恶化。和气候变化带来的其他影响一样，高温的重要传导器便是社会不公。

干 旱

随着全球变暖，尽管湿度增加，但降水则更多地从陆地转移到海洋。我们极有可能已经进入大干旱时代。若全球温度升高4℃，全世界都将遭到风沙侵袭。

全球有数亿人依赖冰川提供水资源，尤其是南亚和南美洲居民，而冰川中的这部分水资源储备一旦消失，人们就有可能完全丧失赖以生存的生命之源。南亚至少有1.29亿人口将河流上游冰雪融水作为赖以生存的源泉，这还没有算上巴基斯坦、阿富汗、塔吉克斯坦、土库曼斯坦、乌兹别克斯坦、吉尔吉斯斯坦的2.21亿人。根据模型预测，这一地区在未来10年内将迎来水资源峰值，但随着冰川消退直至完全消失，21世纪剩下的时间里，水资源量将大幅缩减。

根据模型预测显示，到2050年地中海、澳大利亚及非洲南部的降水量都会减少。其中降水量减少最严重的是南美洲的北部，包括巴西及其周围邻国，几乎涵盖整个亚马孙热带雨林。研究人员预测，亚马孙雨林的旱情将比世界其他任何地区都要严峻。

我目睹的所有全球变化中，受干旱影响的人数是最多的。当我前往世界各地的偏远地区，由于干旱彻底阻碍农业生产，摧毁稀缺的粮食，我看到一座座村落人口逐渐减少抑或是彻底销声匿迹。在不断扩张的城市里，在孟买、内罗毕及利马杂乱的棚户区，我看到了村庄衰落所导致的后果。北阿坎德邦是位于印度北部的多山国家，由于气温上升，干旱致使海拔较高的地区无法进行农业生产，超过400万人已经搬离，留下接近800个渺无人烟的"鬼村"。从秘鲁到玻利维亚，再到哥伦比亚，整个南美洲的农村居民一边遭受干旱带来的长期危害，一边目睹安第斯山脉冰川消失，因此失去用于灌溉的淡水水源。

甚至早在 20 年前，玻利维亚高原的奥弗杰里亚村原是一个繁忙的农村公社。那里种植的玉米、藜麦、土豆、牛油果等食物远销至首都拉巴斯。2010 年，气候变化彻底破坏了当地的生态格局。持久的干旱让农作物及牲畜无法存活，甚至让整个村庄都不复存在。当我前去拜访时，那里仅剩 9 位老人，苟活于土砖垒成的小屋子里。卢西亚诺·门德斯是一位 75 岁饱经沧桑的农民，为了麻痹饥饿感，他不得不咀嚼古柯叶。他告诉我，他共有 8 个孩子，3 年前由于数次种植粮食收成不佳，他的最后一个孩子也举家搬离了。他说："即使遇到雨季，也是每隔几天才下 20 分钟左右的雨，奶牛死了，驴子也死了，只有山羊还硬挺着。"

最先离开的是年轻人，有些甚至都还没有成年，接着全家人都跟着搬离这个安第斯山脚下的小村庄，前往乡镇城市。这些迁移者非常容易辨认，他们身上披着克丘亚人标志性的披肩，随身携带大大小小的物品，一路北上前往哥伦比亚，直至中美洲，由于长达数周露宿在外，他们满脸疲态。南美洲是发展中世界率先开始从城市化迁移的大洲，这一点都不意外，因为对于自给自足的农民而言，某一年收成不好就意味着要忍受饥饿，而现在诸如水稻、小麦这样的主要农作物产量都在下降。

《柳叶刀》进行的一项研究测算出，全球温度上升 2℃，会导致 2050 年每人每天的粮食供应量减少 99 千卡，这对于在饥饿边缘徘徊的人们而言是极其严重的问题。在热应激环境下，粮食的营养成分也会减少，蛋白质、锌、铁的含量会下降至原来的 1/5。这会给人类带来极其严重的后果。研究人员提醒称："我们预计，二氧化碳含量增加，可能导致多达 1.75 亿人锌元素及蛋白质摄入不足。"

问题的症结在于，人类的食物直接或间接来源于植物，而植物的生长需要水资源。如果温度上升，水分从土壤及叶子中蒸发的速度会加快，降雨的节律性和降雨量都会不如从前。此外，热应激下的植物或动物需要更多水分。换言之，随着全球气温升高，农业生产的难度会不断加大，在很多地方甚至会无法进行农业生产，因此农民不得不进行迁移。考虑到人类没有粮食便无法生存，所以我们要迅速给出解决方案。

高温本身对植物就会造成损害。39℃的温度便会破坏植物内的细胞、组织，以及各种酶，从而导致整株植物死亡。玉米在30℃以上的环境里每存活一天，产量便会下降1%，干旱条件下产量减少将近2%。因此一场长达3周的热浪，便会让玉米产量锐减25%。研究显示，若全球升温4℃，热浪会将中纬度地区的温度推升至接近50℃的水平，亚热带地区温度将上升至接近60℃的水平，由此造成的农作物损失将会破坏整个生态平衡。

到时美国的玉米总量将会损失一半，包括现如今大部分的玉米带[1]。当我们将干旱考虑在内，玉米损失量将达到80%，甚至更多。这场灾难不只会影响美国国内的玉米产量。美国、巴西、阿根廷、乌克兰占全球玉米出口量的将近90%。全球气温上升4℃会大幅削减玉米产量，让玉米出口量归零。而占据全球食物能量供应20%的小麦也遭遇了相似的威胁。近几十年，干旱对全球小麦产量的影响已经翻倍。到2050年，西至伊比利亚半岛，横穿安纳托利亚半岛，东至巴基斯坦，包括俄罗斯南部、美国西部以及墨西哥都会出现严重的水资源短缺。

1　美国中西部专业玉米产区。——译者注

　　根据气候模型预测，21世纪结束前，全球有一半以上土地面积会被划归为干旱地区。超过3/4的受影响地区位于发展中国家。但是阿拉斯加、加拿大西北部，以及西伯利亚会有超干旱地区。有些地区即便没有被归为干旱地区，还是会出现更为频繁且极其严重的极端旱灾，例如除了冰岛之外的欧洲大陆。到2100年，全球范围内严重脱水人口会增加30亿，世界1/3人口无法获得充足淡水资源，这会影响公共卫生健康，增加病原体感染风险。

　　地球大部分地区将不再适合农业生产，包括畜牧业。人们无法在农村地区生产生活，因此不得不迁移。

洪 水

　　虽然世界上有大片地区，包括人口最密集区域，会因为水量太少而变得不宜居住。但是住在其他地区，包括世界最大城市的人们，却面临截然相反的问题，即水量过多。

　　气温上升，会有3种方式导致水量过多，从而威胁到人类。首先，海洋温度升高，会导致海水热膨胀，海平面升高。其次，陆地气温升高，会导致冰面融化，河流和三角洲地带会因此暴发洪水，沿海地区海平面上升。最后，气温升高会导致更加剧烈的暴风雨和极端降水。以上这些都会给人类带来危险，尤其是居住在低洼地区、沿海地区及河流附近的人们，换言之，这对大多数人类而言尤为危险。例如，海平面的上升速度比预计更快，21世纪末可能会上升一米。这对大大小小的城市而言意味着巨大的灾难，因为大多数城市都集中于沿海地带，并居住着大量人口。

　　海平面上升的重要风险是地下水盐碱化。我们已经目睹这对孟加拉国农业产生的影响。原本种植水稻的农民不得不将农田变为虾类养殖场，或者直接转而去达卡的纺织业打工。海平面上升会让暴风雨带来的损失更为惨重，海岸被侵蚀更为严重，因此越来越多的人不得不彻底放弃原来的住所，要么因为他们的住宅不具备保险资格，要么因为他们已经无法继续在农村生存下去。我在达卡的贫民窟与当地居民交谈，所有人都是因为这个原因搬离了他们居住的村庄。

低洼岛屿及环形珊瑚岛面临尤为严峻的前景。例如马尔代夫及图瓦卢这两个岛国，由于侵蚀现象愈加严重，海水渗入地下水，破坏土壤、植被、基建，甚至淹没整座岛屿，因此到2050年这里就会无法居住。目前国际公法根据一国的海岸线测算其专属经济区，在专属经济区内，一国享有捕捞、矿业开采及开发旅游业的权利，因此当一国海岸线范围缩小，甚至消失，其海洋经济领地也在缩小甚至消失。这种双重打击意味着这些国家的陆域经济及海洋经济都将遭到威胁。

即使全球温度升幅不到1.5℃，受影响人数还是会高达几亿。有大量国家至少5 000万陆地居民面临海平面上升威胁，其中包括中国、印度尼西亚、日本、菲律宾及美国。一旦全球气温上升2℃，至少会有136个超级大城市受到洪涝灾害影响，到21世纪末每年经济损失将高达1.4万亿美元。修筑防波堤以及采用其他防御措施来抵挡海平面上升的代价是极其高昂的。仅美国一个国家未来20年的沿海防御成本就高达4 000亿美元，更长期的花费包括小部分群体每人高达100万美元的花销。

平均而言，海平面每升高1厘米，就会有170万人流离失所，因此到2100年，会有数亿人面临不得不搬迁的困境。到2050年，越南整个南部地区将会被海水淹没，包括越南整个中部及北部地区。佛罗里达沿海地区已经出现由气候变化引发的住房危机的征兆，先是房屋销量暴跌，接着房价也跟着下跌，一些滨海豪宅已经由于风险过高，变得不宜购买。2018 年飓风桑迪侵袭美国后，有多达 65 万户住宅遭到破坏，850 万人失去供电（有些长达数月断电），购房者因此变得更为谨慎，易受飓风影响地区的房屋销量下跌 20%。

欧洲拥有长达 10 万千米的海岸线，沿岸地区人口密集，因此也会受到严重影响。受到沿海洪涝灾害威胁的人数预计从现在的每年 10 万上升到 2100 年的每年 360 万，其中经济损失最为严重的是英国，其次是法国和意大利。尤其要注意的是，荷兰为了免受洪涝灾害，每年在加固三角洲工程上的花费高达 12 亿—16 亿欧元。伦敦及威尼斯也在防洪闸门上投入了高昂的维修费。保护沿海城市的费用每年可高达数千亿欧元，水面越是上升，淹没在海平面以下的人就会越多。这些防护设施一旦遭到破坏，就会导致灾难性损失。从长远来看，几个世纪以后，全球气温上升 4℃，没有一个沿海城市可以供人们居住。因此我们需要解答的问题便是，我们何时放弃这些城市，以何种方式放弃。正如一个科学家团队于 2016 年写道："21 世纪中期以后，人类只有非常有限的时间来应对青铜时代以来史无前例的海平面上升。"

即使不在沿海地区，洪涝灾害也是一个日益严重的问题。当全球气温上升，空气中水分变多，水分子活动更加剧烈，极端天气会更加频繁、更为严重，由此产生的降水会造成灾难性后果，彻底摧毁粮食、房屋、道路，造成大量伤亡。科学家发现，东南亚季风的极端暴雨最易受全球变暖影响，温度每上升 1℃，降雨强度将增加 10%。到 2050 年，占全球面积 20% 土地暴发的长达一周的严重洪涝灾害频次会比原来增加很多,其中贫穷国家遭受的影响最为严重。孟加拉国未来的处境危机四伏,南部海平面不断上升,北部河流发生洪涝灾害。对现在而言百年一遇的洪水到 21 世纪末预计都会大幅增加,其中梅克纳河增加 80%,雅鲁藏布江增加 63%,恒河增加 54%,并且这三条河流的洪峰流量时间点有可能重合。此外,更加强劲的气旋风暴导致孟加拉湾发生风暴潮,而孟加拉国是世界上人口最密集的国家之一,因此数千万人会定期甚至几乎全年遇到洪水。

2022 年 3 月,我的阿姨玛姬虽然在之前的森林火灾中逃过一劫,但又再次与外界隔绝,靠着剩下的罐头食品度日,这次她遭遇的是滔天的洪水。在接连几天的强降雨之后,澳大利亚东岸暴发了洪水。玛姬阿姨在利斯莫尔岛上的房子遭到损毁,而周围的很多房子也被彻底毁坏,市中心区域已无法辨认。从她发给我的照片中能看到整个社区活动中心浮在水面上,顺着快速的水流向下移动,当时不得不发动直升机才能将人们从上涨的河水以及泥石流中解救出来。数十万人被疏散,很多住宅遭到破坏,有些人可能永远回不来了。

在远离季风区地带,洪涝灾害也会变成日益严重的问题。整个北半球地区降雨增多会导致河水水量增加 50%。随着洪水风险区域不断扩大,很多洪灾频发的乡镇以及洪水区的房屋会遭到遗弃或是无法投保。很多城市地区也遇到类似情况。2021 年飓风艾达登陆纽约,当时很多死者是住在地下室的贫困居民。

我的住所是伦敦郊区山上一座有 125 年历史的维多利亚式房屋。根据水文预测,我的房子不会有被洪水淹没的危险,但是很多位于山脚河边的住宅、学校、商店以及交通线路,恐怕无法幸免于难。伦敦市长办公室的分析报告指出,未来几十年,伦敦 1/5 的学校将受洪涝灾害影响。我虽然很庆幸自己的地板可以滴水不沾,但我们没有人能孤立于社会存在，被洪水团团包围的危险让人如坐针毡，而且抵御洪水侵袭需要耗费大量人力、物力。我的住所附近的道路需要垫高路基，其中有两条道路从罗马时代开始沿用至今。有百年历史之久的铁路也是如此。这只是伦敦某个片区很小的一个地区。

如今的热带天气系统，例如飓风与气旋会变得更加频繁、更加严重，出现的纬度位置会越来越高。根据模型预测，一旦全球温度上升4℃，超强厄尔尼诺事件的次数将会是原来的两倍，降雨带将会向高纬度地区移动1 000公里，导致全球天气系统紊乱。1997—1998年出现了强厄尔尼诺事件，南美洲原本干旱的地区暴发了极其严重的洪涝灾害，气象灾害导致23 000人死亡。厄尔尼诺事件后常常会发生拉尼娜事件。当1998—1999年间发生拉尼娜事件时，美国暴发了史上最严重的洪涝灾害，委内瑞拉发生了山洪和泥石流，导致50 000人死亡，中国的暴雨和洪灾让2 000万人的房屋倒塌，孟加拉国则有一半面积被洪水淹没。拉尼娜现象还会导致北大西洋形成强飓风季，因此1998年飓风米奇侵袭中美洲的洪都拉斯和尼加拉瓜时，多达11 000人丧生，使之成为历史记载里最为强劲、死伤人数最多的飓风。类似这样的极端天气事件会变得越来越规律，尤其是赤道附近范围不断扩大的低纬度地区，迫使数百人为了人身安全搬离原来的住所。

让地球继续成为人类的栖身之所，并非一场早已注定的败局。人类仍能主动扭转局面。我们每阻止气温升高1℃，安全指数便会有所上升。即使0.1℃的差异，也会有左右我们的安危。

虽然如此，全球升温幅度已经到达1.2℃的中位值。因此，要将升幅控制在1.5℃以内，意味着我们要采取迅速而强有力的行动。即便我们现在能停止所有的温室气体排放，由于全球气候系统存在惯性，温度在下降前还是会持续上升数年。但对我们有利的是，这种惯性，也就是系统性的时间滞后，能够给我们时间迅速扭转局面。各国首脑就气候变化采取行动言之凿凿。例如世界最大的两个排放国美国和中国，分别承诺于 2050 年和 2060 年达成净零排放目标。即使我们兑现所有净零排放承诺，到 21 世纪末，全球气温升幅也仅能控制在 2.1℃。这是一个重大挑战，现在几乎没有证据能证明人类正在为实现这个目标做准备。若要将温度升幅控制在 1.5℃，我们就要大幅增加短期目标，要做到这一点，还是有办法可循的，这部分内容我会在本书后半部分进一步阐述。

然而，我们必须面对现实，当我撰写本书时，即便我们努力减排，防止全球温度进一步升高，21 世纪气温上升可能性最高的幅度依旧是 3—4℃。正如我之前提到，这种情况下，现在大多数人口聚集的广袤地区，以后会因此无法住人。而这一切并不会像变魔术般某一天骤然发生。由于目前的排放，对数百万人而言，地球已经变得越发危险。而随着每一次温度上升，这种危险只会不断加剧。一开始这个问题对最贫困人群的影响要严重很多，因为这些人更加依赖就近的环境，并且住在受高温影响最大的南半球地区，由于没有空调设备，吃不到成品配餐，外部不断攀升的高温对他们而言是无法隔绝的。但是用不了多久，全球升温就会成为所有人的问题。

加剧这一问题的其中一个因素，便是全球人口仍在不断增加，特别是气候变化及贫困问题最严重地区。虽然世界其他地区的人口增长较为缓慢，非洲地区人口到 2100 年势必会达到如今的 4 倍。这意味着，这些地区有更多人会受极端高温、干旱、灾难性暴雨影响。更多人需要食物、水资源、电力、住房等各类资源，而这些资源的供应难度在不断增加。全球人口将于 2064 年先达到峰值，然后在 21 世纪末，返回如今的水平。当全球范围内气候、生态系统及水资源供应出现反常现象，而全球人口数量先后出现大量的增减，这会给人类的适应力带来巨大的压力。

我们面临的世界是充满敌意的，如今人口最密集地区，几乎都有无人区分布，包括亚洲、非洲、拉丁美洲、大洋洲的大部分地区。这对人类而言是前所未有的，人口在不断增加，但是可供我们居住的区域却在不断缩小，社会及地缘政治边界会犹如牢笼般将我们限制在自己的一亩三分地。

尽管我们 21 世纪面临的难题，其规模及严重程度都绝无仅有，但是人类在过去几十万年经历过诸多其他危机，最终，我们都是通过迁移获得一线生机。迁移并不是问题，而是解决问题的方法，一直以来都是如此。下一章，我们就会知道，迁移是人类最古老的生存技巧。

第三章

离家

迁移是我们摆脱危机的出路。

迁移成就了人类。尽管如今在地缘政治身份及桎梏的背景下，迁移似乎是一种反常行为。但纵观人类历史，国别身份及边界才是突破常规之事。人类迁移的目的不一而足，不管是为了探索冒险，还是为了躲灾避难；不管是为了抵达充满机遇的新大陆，还是为了传播信仰，升华灵魂；不管是为了贸易往来、艺术交流，还是迫于无奈，甚至是因为遭到劫持，迁移深刻地改变了我们居住的地球，也让全人类迎来全球化浪潮。迁移从根本上缔造了人类如今参与的各种制度。

对人类而言，迁移与合作密不可分。只有通过广泛的合作，人类才能迁移。正是迁移铸就了如今合作型的国际社会。只有理解人类的特性，理解人类是如何主导地球，影响气候变化，我们才能找到往后的出路，也就是拥抱合作性迁移这种根深蒂固的优势，让我们在当前的环境危机中转"危"为"机"。

迁徙是自然界中广泛运用的一种生存策略。为了应对食物及天气状况随着季节及地理位置的变化而出现的差异，很多物种在进化过程中将迁移作为本能的应对之策。从斑尾塍鹬到大西洋鲑，截然不同的动物都会依循着生物的本能长途跋涉，克服各种艰难险阻，完成迁徙之旅。对此，我深有同感。黯淡的 2021 年伊始，我经历了长达数月的疫情出行限制，其间我几乎禁足在家，我发现自己出现了类似于"迁徙兴奋"的表现，这是鸟类在长途迁徙前会突然出现的症状，明显的表现有：失眠、行为异常、焦虑不安。一只被关在笼子里的美洲知更鸟，即使看不到笼子外的一切，也会一次次地试图往北飞，哪怕身体与笼子的玻璃屏墙发生剧烈碰撞。为了适应迁徙的需要，西滨鹬的消化器官甚至会萎缩，用于囤积迁徙过程中所需的营养成分，以及有助于提升飞行表现的脂肪酸。

人类也不是"安分守己"的物种。我们大多数人都会选择花钱到住所之外的地方待一段时间，并不是为了获取不可或缺的食物及资源，而仅仅是为了享受"别处之美"。即使我们已经告别了择水草而居的生活方式，不再持续地迁移，却依旧保持着探索别处的渴望与好奇，会在不同的地方短暂居住数天。而长期宅家，如非必要，足不出户则是反常状态，除非有惧旷症这种精神障碍。

关于自然界的各项研究显示，散布各地是预防种族灭绝的有效策略。然而，只有个别物种能同时适应多种环境。大多数物种只能适应某种最适合它们的特定环境。灵长类动物中，只有人类能够遍及世界各地定居，但又不会因居住地点不同，而再进化成不同的物种。

古人类在进化过程中的某个时间点开始拥有随处居住的能力。然而获得这项超能力，意味着我们同时也失去了适应某种特定环境的内在天赋。对于人类这种体型较大、对热量及资源需求量较高的物种而言，迁移存在进化风险。人类之所以能够随处迁移，是因为人类大脑有极强的适应力，并且有频繁的社交活动，能够与很多原本毫不相干的人进行合作，相互支持，彼此分享资源，交流思想，交换知识。人类知道如何通过改变环境来适应自身需求，如何通过不同的技能和行为适应各种各样的环境。迁移能够让人类在包括环境问题、部族冲突、领土纷争、食物资源短缺、近亲繁殖、疾病瘟疫等各种劫难中幸存下来。

如果气候条件允许，以狩猎采集为生的尼安德特人才是最终征服世界的王者。但做到这一点仅靠迁移是不够的。从原来的进化生态位进行远距离迁移的过程中，人们需要依靠团体合作，搭建合作网来分摊风险，并共享所需能量。毕竟当时是更新世[1]，与我们现在所处的世界有天壤之别。当时欧洲及亚洲北部被厚达1.6千米的冰原覆盖，北美洲1/3的地区属于无冰地带，有数量庞大的大型哺乳动物出没，包括数十种凶猛的食肉动物，很久之前由于过度猎杀已经灭绝。要横跨这样的地区需要灵活变通，也要依靠团队支持。人类21世纪的迁移也是两者缺一不可。

物资的转移

人类光靠自己迁移是不够的。环顾四周，你之所以能在自己占据的环境中存活下来，形成自己全新的生态位，是因为其他环境的各类物资能够转移到你这里。以我自己为例，这些物资包括食物、水资源、各类基础设施，以及家中的各类物品。我使用的所有东西中，完全取自当前环境的只有脚下的土地和呼吸的空气。其他的一切，我都需要依靠全球网络体系来完成。这个复杂的关系网由成千

1　更新世，亦称为洪积世（从2 588 000年前到11 700年前），英国地质学家莱伊尔1839年创用，显著特征为气候变冷，出现冰川。

上万人组成，他们在全球范围内迁移的同时，也将物资转移到各地。

人类迁移需要依赖一种关键的二次转移，即物资的转移。人类最早的祖先需要转移的物资包括用水囊携带的水资源，有助于维持数天狩猎所需的体力，还有猎杀、切割、处理猎物所需的工具，比如石斧、木茅、引火物。转移所需资源的能力可以让人类穿越人烟稀少、无人居住的地区，完成距离更长的迁移。人类是唯一能够做到这一点的物种，我们的祖先也因此得到解放，能够将毕生的精力及几代人的努力用于发展科学技术。

下一步便是将合作与物资转移相结合。人类群体内部及不同群体间开始进行贸易。贸易大大减少了获取物资的精力成本，尤其在长途迁移过程中，同时也减少了到别处生活的风险。等到智人出现时，人类在不同群体间构建的社交网络足够强大，可以让人们克服遥远的距离互通有无。正因如此，人类有能力进行距离更远、耗时更长的迁移。正是得益于彼此联结、相互支持、交换资源的能力，智人相较于其他已经灭绝的物种才有了生存优势。当智人取代了尼安德特人之后，人口密度翻了 10 倍。

他们提升土地承载力的主要方法，极有可能是使用类似贝壳珠这样的有价货币进行财富转移。尼安德特人也制作过一系列装饰物，但他们是否进行大范围贸易，我们不得而知。而我们的祖先能够跨越长距离收集并交换原材料，并且用原材料制作具有附加价值的物品，进一步进行贸易。贸易是一种有组织地转移资源的方式，因为贸易，智人能够建立更广泛的社交网络，扩大群体规模，改善文化体制，面临严苛环境时更加有韧性。贸易可以让不同的人类群体专攻某种文化活动或技术，同时让所有需求得到满足。智人因此可以跨越大洲占据更多领地，而尼安德特人的活动范围却仅限于欧亚大陆。

如今的狩猎采集部落会在狩猎季分成不同的小团体，每逢重大节日聚集长达一周左右时间，一年有若干次这样的重聚，每次人们会分享打来的猎物，交流奇闻逸事，共享各类资源，一起钻研狩猎思路、技术及工具，细细观赏各种装饰物，进一步发展贸易关系。现代狩猎采集部落为了准备庆祝这些节日，会花大量时间制作便于交易的有价物品，例如卡拉哈里沙漠西部的居民会用鸵鸟壳制作珠宝，用来交换去其他部落领土采猎的迁移权。贸易能帮助原始部族迁移，因为贸易能分摊环境风险。如果某个部落的水泉干涸了，导致其他物资的匮乏，那么这个部落仍能通过交换获取食物。

原始采猎者的迁移是持续不断且循序渐进的。更新世的自然环境严苛残酷，人类的大部分进化过程都是在这样的环境中完成的，当时的人口数量一直很少，族群间交流的机会也非常有限。这一点的表现便是，即使是同一个非洲小型原始部落的后代之间，基因差异也非常小。肤色由不同的若干个基因决定，是原始人类迁移的显性标记，随着纬度变高，太阳光照强度变弱，人类的肤色也越来越浅。黑色素可以保护皮肤免受紫外线侵害，但是皮肤在光照条件下生成的维生素 D 也会变少。黑猩猩肤色较浅，而人类身体没有毛发遮挡，因此出于对紫外线的保护，肤色会变得较黑。而我们现在较为熟悉的欧洲白种人，是距现在非常近的时候才出现的。直到 4 000 年前，欧洲人肤色及发色还是黑的（眼睛是蓝色）。

直到上一次冰川期结束前，人类一直在迁移，居留时间不会超过 3 个月，定期通过部族聚会相见，但很快就会各自分散，这样人口密度不会超过所在地区的承载能力。最早住在如今英国一带的原始人就没有长期居留在此，他们来此地狩猎，而后通过大陆桥南下至气候更为暖和的欧洲大陆。

物资转移如何获得主导地位

迁移让我们的基因和文化具备更丰富的多样性。以北欧为例，石器时代和青铜时代有三场重大迁移彻底改变了欧洲人的基因组成，其主要原因便是，当时人口基数较小。其中第一场迁移发生在18 000年前，当时巴尔干半岛的采猎者向北迁移，现在30%欧洲人的基因源于这批迁移者。第二场迁移是8 000年前，小亚细亚半岛的农耕者向北迁移，起初他们与当地土生土长的采猎者互不干扰地共同生活。第三场迁移则是5 000年前欧亚草原的游牧者向稳定的农耕区域转移。

正是第二场迁移，让人类开始固守于特定的地理位置——自己的一亩三分地。原始人类从四处采猎到定居一处的转变，给资源带来了更大的压力。为了提高土地生产力，更好地满足人类的生存需求，种植者大大改变了土地的格局分布。一旦我们在田地里播种，就需要一直待在那里直至收获粮食。因此，农业彻底改变了人类迁移的模式。我们会固守于一片土地，即便土地不归我们所有，我们的身份仍与之紧密联系。然而最初，人类的农业生产定居模式只是相对的，一旦当地的资源耗尽，人们仍然会迁至别处。

如今，气候变化将人类"连根拔起"，但在当年却引发了一场重大变革，你可以理解为，气候变化让人类"落地生根"。换言之，正是由于气候变化，人类得以完成"农耕者"的华丽转身。上一次冰川期的大气二氧化碳浓度极低，接近180ppm，光合作用无法充分进行，所以当时的植被面积只有现在的一半。两万年前的游牧部落无法长久定居一地，因为稀疏的野草根本无法为牲畜长期提供口粮，更不用说满足种植者的生产生活需要。8 000 年前，大气二氧化碳浓度上升至 250ppm，作物产量大幅增加，采猎者不需要为了物资供应到处奔波，牲畜停留的时间也更长了，由于住所稳定，人类得以在基础设施方面进行投入，建造灌溉渠和粮仓。

然而，农耕在早期是一种不确定的生活方式，许多农耕者遭受饥馑之苦，甚至在生存的边缘挣扎。野生动物也因为人类过度猎杀变得极为稀少。如果收成不好，迁移至新的草地便是难上加难。迁移的能力原本是人类求生包里一个重要工具，这个工具却在人类最需要的时候被毁坏。距今 9 100 年至 8 000 年的小亚细亚考古遗址中有证据显示，随着人口迅速增加，由于饮食结构营养匮乏，高度依赖淀粉，蛋白质摄入过低，人们患骨感染病及龋齿的比率也在增加。尽管健康方面有诸多不利，农业仍是利用土地生产粮食的最高效手段。定居的生活方式可以让女性从随身带娃的负担中解放出来，从而缩小女性分娩的时间间隔，因此女性可以生育更多子女，他们需要的土地也会变多。农业用全新且重要的方式增加人口数量，并让人口四处分散。

人口结构研究者通过建模研究定居文明的演化历程，最后发现，只有当人口数量多到不允许持续迁移时，人们才会开始定居某地（此时，资源消耗率处于较低水平）。换言之，定居文明和农业生产之所以应运而生，恰恰是因为人类成功迁移。农业促进了文明发展，使之生生不息，但会对社会公平正义造成冲击，诸多非正义现象延续至今。经考证，平均主义社会在定居生活后，社会不公情况会加剧。早在 8 000 年前，位于如今土耳其境内的知名定居点加泰土丘，就已经发展为一座城市，有数百间泥砖屋。经考证，加泰土丘具有极为显著的平均主义社会特征。直至 6 500 年前，这种特征有所改变，家庭之间滋生出不公平现象，社会成员如果不遵守规则，会受到严厉惩罚。此地发掘的人类头盖骨上有刻意体罚后愈合的伤口，这便是最好的佐证。

对整个社会而言，定居生活优势明显，聚集一处的人口越多，便可以孕育更为繁复的文化。但是如果居住环境存在危险，固守一隅便会削弱人类的防护力。气候变化一直是人类迁移的催化剂。气温下降，人类便会南下向赤道迁移；气温上升，人类便向北迁移。12 900 年前的冰川期，自然条件极为恶劣苛刻，欧洲部分地区在 50 年内便降温 12℃，采猎者因此南迁至如今的中东地区。10 000 年前，气温又慢慢回暖，他们便又向北迁移。

一旦农业生产在某个地区诞生或是从其他地方传入，农耕者便会替代先前的游牧者，成为这里的主宰者。8 000 年前，非洲第一批农耕者在如今撒哈拉沙漠东部播种，但是 6 000 年前的气候变化让那里的环境变得更为干燥，沙漠面积扩大，由此出现了极为罕见的现象。该地区农业生产终结，又重新退回游牧及狩猎的生活方式。大约 4 500 年前，西非班图人开始培植山芋，并大规模向西向南迁移，布须曼人和俾格米人的大量人口因此被迫离开原本肥沃的土地，分别迁至有少数人口聚居的热带大草原和森林。同样，美洲的托尔特克人和阿兹特克人，也是取代了原住民的外来农耕者。

历史证明，定居农耕虽然能够让人口数增加，但是存在局限性。数千年来，农耕者主要依赖循环利用生物物质，以补充土壤中的氮元素以及其他供作物生长的重要营养成分。他们会将秸秆和青贮饲料还田，并添加动物及人类粪便这样的有机物质，实行农作物轮作。但是随着人口增加，单位面积的粮食需求量会增加。1909 年，德国化学家弗里茨·哈伯发明了一种方法，能将空气中的氮转换成植物能够吸收的形式。他的同事卡尔·博施将其作为工业产品规模化生产。人工肥料的时代随之诞生。这对人口增长起到立竿见影的效果。我们体内一半蛋白质的生成得益于哈伯-博施工艺。人工肥料彻底改变了地球的氮循环，正是因为人工肥料的诞生，数十亿人每天可以吃上面包、米饭和土豆，全球人口能在短时间内上升至80亿，一举成为地球的主宰者。利用现代农业在全球范围内转移粮食，能够让大多数人在小范围内定居，并延续传承数百代。这些地区人口密度高，不生产粮食，而是通过贸易获取粮食及其他外来资源。

农业的诞生让人类从四海为家变为定居一隅。虽然一切并非简单到一蹴而就。人类不再以采猎为生后，并非立刻停止迁移。其中的重要原因便是，农业生产中，大量人口赖以生存的粮食受自然环境优劣的影响，这是非常不稳定的。大约3 200年以前，气候异常导致近东地区发生长达300年的干旱，进一步导致一系列古文明面临崩塌。

"我们这里发生饥荒，如果你不赶紧过来，我们的人都会饿死，这里连一个活人都看不到。"这是叙利亚一家商行的同事之间通信的内容，这家商行的分店遍及叙利亚境内各地，当时，黎凡特与幼发拉底河之间的大小城市纷纷因暴发饥荒而沦陷。地中海地区及美索不达米亚平原，统治长达数百年之久的王朝分崩离析。在拉美西斯三世祭庙的墙上可以看到文字记录人们前赴后继地跨越陆地，穿越海洋，进行大规模迁移，来自远方的神秘入侵者点燃战火，硝烟四起。苏美尔人曾筑起长达100公里的城墙，试图将气候难民拒之门外，但却以失败告终（其中一些难民迁移至更北边缔造了一座名叫巴比伦的城市，孕育了全新的文明）。仅仅几十年，青铜时代的各大文明纷纷陨落，其中的受益者便是草原游牧者。

世界各地分布着广袤的草原，常年大风，土壤干燥，无法进行农业生产，但能为马匹及其他食草动物提供绝佳的牧草，因此数千年来，一直为游牧者及狩猎者所用。其中很多人用牲畜交换农作物及其他资源，甚至成为远近闻名的商贩。有人甚至用劫掠的方式从定居者那里获取储存物资。正是这样的迁移方法让人类能够在地球上最严苛的环境里居住，跨越大洲，开枝散叶，传播文化，共享资源。

亚姆纳亚人是最著名的草原游牧民族。大约 5 000 年前，他们首先开始驯化马匹，以此征服欧洲，并在那里进行殖民统治，成为第三批也是最后一批改变欧洲人 DNA 的游牧民族。对于欧洲土生土长的农耕者而言，亚姆纳亚人是见所未见的奇特存在。皮肤白皙，眼眸深邃，身着战衣，佩戴着青铜珠宝，骑马驰骋，身后跟着一驾驾四轮马车。从苏格兰到摩洛哥都曾出土亚姆纳亚高级的金属制品和纹路繁复的陶器。他们还带来了起源于伊朗北部的印欧语，在欧亚大陆开创贸易的先河。数千年后，亚姆纳亚及其周边地区建立的贸易路线成为丝绸之路的一部分。

亚姆纳亚人的到来之所以具有划时代的意义，一部分原因便是他们彼此之间互联互通，随处迁移的群体编织成一张关系网，形成跨越大洲的沟通体系。还有一个原因便是他们精通贸易。成功迁移需要依靠建立在合作交换基础之上的关系网。绝佳的时机肯定是个有利因素。亚姆纳亚人到来前，欧洲恰好经历了数场瘟疫的肆虐。不管如何评判，亚姆纳亚人的迁移方式是粗暴的。他们成群结队地攻占欧洲各地，他们使用精密武器，诸如战斧、新式灵巧的弓箭，强势碾压当时的欧洲原住居民。由于亚姆纳亚人的入侵，欧洲最初基因池的 90% 的基因样本不复存在，包括位于如今西班牙和葡萄牙的所有原住居民。

仅仅几百年，亚姆纳亚人就大大改变了欧洲社会及文化，完全改写了欧洲人的基因，让欧洲迎来青铜时代。如今，大多数欧洲人的肤色都是白色，全球有一半人口使用的语言隶属印欧语系。欧洲人的基因里，70% 来自小亚细亚的迁移者，他们要么在 8 000 年前作为农耕者迁入，要么在 5 000 年前，通过亚姆纳亚大草原迁入。余下的 30% 便是采猎者的基因，最早是基因池的主力。这是欧洲人经历的最后一次 DNA 改写，但绝对不是最后一次文化"洗礼"。

接下来的数千年，草原游牧的战斗者继续攻城略地，并通过剥削统治农耕者成功占领人烟稀少的大片草原地区。但他们时不时地会被迫退守至最早的游牧区，或者自己也转而定居生活。这便是古希腊及奥斯曼帝国的雏形。这些机智敏捷的游牧者颠覆了欧洲各个帝国，并在基因池中留下印记。如今每 200 个欧洲人中，就有一个拥有成吉思汗的基因，总计大约 1 600 万人。

海洋也是游牧者劫掠的战场。腓力斯丁人（意为海上民族）一次次进攻埃及和迦南（今以色列地区），之后在那里定居，建立巴勒斯坦。维京人也会率领迅猛的战舰突袭沿海居民，时常从定居处获得生存所需物资。"维京"的字面意思是"劫掠"。他们当中有些人劫掠时会变得不可理喻，怒目狰狞，故而被称为"狂战士"。公元 860 年，曾遭海上袭击的君士坦丁堡知识分子佛提乌这样哀叹道："为何这些蛮族如厚重雹暴般突然袭来？"

大多数游牧者抑或逐渐淡出人们的视野，抑或随着农业的不断扩张安居落户。虽然蒙古大草原、马赛马拉[1]、巴塔哥尼亚这些地区的草原依然会出现游牧者，但他们会以可持续的方式使用草地及边缘地区。

漫长的旅程

人类迁移的原动力便是长期探索新土地和新资源的需求。在好奇心和无畏勇气的驱使下，人类突破已知世界的安全网，进一步探索深海、极地地区以及外太空。迁移也让人类的足迹遍布世界各地，因而得以传播基因、文化、信仰及科技。

几千年来，波利尼西亚人通过迁移来应对岛屿领土有限之下，人口过多及内战爆发的问题。波利尼西亚的寻路者通过观星，凭借对洋流远超他人的了解，熟稔自如地航行于数万公里的开放海域，占据地处偏远的岛屿，诸如现在的夏威夷和印尼。

截然不同的是，探索新世界的欧洲航行者常常会发现这些地方早有人居住，这样的迁移往往会带来恶性后果，欧洲航行者从一个地方窃取资源、土地、人力，转移到其他地方。迁入之后，他们会大肆宣扬本国文化，打压土著文化，深信自己的文化具有天然优越性，并埋下种族主义的种子，即相信有些人本就"原始落后"。迁移让人们相互接触，让人们能在全球范围内工作、生活，进一步提升对世界的认知。同时，迁移也带来疾病和死亡，摧毁业已成形的各种文明，彻底改变环境。如今，殖民者后代与被统治者之间的权力失衡依旧存在，持续的社会经济不平等便是显著表现。

1　位于肯尼亚。

迁移也推动了工业化国家的发展，工业化的重要过程便是采用强制性人力劳动，改造自然环境，改变各国的财富格局。奴隶制是历史久远的制度，但跨大西洋的奴隶贸易让这项制度的工业化达到惊人的程度。400 年间，大约有 1 200 万名黑奴被运往美洲。这场声势浩大的迁移的重大影响，便是来自不同族群的年轻人在基因、文化、社会及人口结构方面的持久影响。尽管几千年来，欧洲和亚洲都有非洲人的足迹，但他们的人数相对较少。迁移到非洲中心的欧洲人及亚洲人数量也可忽略不计。部分原因是非洲的地理特点，分布有沙漠、茂密的热带雨林，河流不可通航。气候和生态也有重要作用，欧亚大陆的农耕方式在热带地区并不适用。对于有意向在非洲定居的人而言，那里的疾病具有致命的威胁。因而，奴隶贸易之前，大规模的种族融合仅在欧亚大陆出现，并没有涉及非洲。如今，在美洲及附近其他地区，我们可以感受到基因及文化的多样性，其背后是一段段残忍并充满屈辱的历史，人们付出巨大的苦难作为代价。

基因、民族、文化、科技如今之所以能够高度融合，正是由于人类迁移的复杂与多样。贸易的便利促使我们与有不同文化习俗、基因、技术的部落相互合作。这能够拓展我们的社交网，拓宽全社会的集体认知，并鼓励我们探索生存环境，以寻找有价值的原材料。有时候，文化习俗会随着资源的迁移而在不同人口之间传播。有时候，人类会进行内部的迁移融合，同时传播技术。人类在人口基因、考古学、古生物学以及语言学方面的全新进展，让我们充分认识到迁移带来的巨大价值。例如，我们可以弄清楚盎格鲁 - 撒克逊迁入英国定居后，精确到城镇的具体分布位置，因为他们改变了那里的基因池。罗马人、维京人、诺曼人的入侵，虽然改写了英国历史，但是对基因的影响远远不如前者。

迁移有助于人类基因往有利的方向改变，通过融合重组变成新的基因变种。亚姆纳亚人带来的基因特征之一是成年后依旧乳糖耐受，这是他们在放牧过程中获得的适应能力。额外获取的热量对于发育不良或营养不良的粮食种植者而言是一大福音。当地农民肤色较黑，很难在食物中获取维生素 D，尤其北半球冬天白天较短的时候，而亚姆纳亚人带来的白皮肤基因对他们也是有利的。当人口基数较小时，细微的优势也能够让基因广泛传播。

过去几个世纪，见证了人类历史上最大规模的民族融合，大量人口穿越大洲，逃离冲突，为了寻得更好的生活，地球迎来了真正意义上的全球化时代。有些情况下，国家为了满足劳动力需求，发动迁移。正因如此，澳大利亚、美国加利福尼亚州及英国的医疗健康体系迅速发展。外来劳工前往迪拜，学生纷纷涌向大学城，科研工作者入驻欧洲核子中心这样的国际合作组织。

科学的探索发展往往出现在各国移民合作的实验室，这不无巧合。移民是孕育创新、深度学习、集思广益的必需条件。因此，迁移不仅是人类社会的特点之一，还是不可或缺的一部分。如果人类没有充分迁移，文化及基因的复杂程度会大大减弱，进而威胁到人类的生存，甚至导致种族灭绝。位于如今加拿大地区的因纽特人与世隔绝，他们于 6 000 年前穿越严酷的冰原与海洋，一路从西伯利亚来到北美地区，最后到达加拿大。尽管与加拿大南部高度进化的原住民印第安人口接壤，因纽特人却刻意自我隔绝，最终走向灭亡。由于近亲繁殖，他们的身体素质日益恶化，同时文化不断倒退。由于和外界缺乏沟通，整个族群走向覆灭。

社交网会发挥 1 + 1 > 2 的作用。彼此联结的团队所能取得的成就，远远大于互不联系的族群。迁移需要通过合作搭建网络以此弥合因各种难题产生的鸿沟，正是依靠合作网，人们在迁移过程中能够跨越陌生且居住条件恶劣的土地。先行者会给同族群的后来者铺路，将已经建立的网络传承下去。因此，人类在世界各地的迁移并不是随机的，而是根据一代代传承下来的路线，不管是十字军东征，还是通过丝绸之路大力发展商贸，还是后殖民时代的人口大离散。

迁移贯穿人类历史始终，有时会涉及大量人口，有时只是小部分人，通常人们迁移的领土已归其他部落所有。入侵其他部落是危险的。为了化解这样的危险，人类摒弃了灵长类动物的本能行为，例如，黑猩猩会攻击任何入侵者，甚至将其杀害。人类社会则恰恰相反，欢迎入住的陌生人是社会常规。保证他们得到热情款待关系到部落的名声和首领的威望。

人类还会充分运用家族关系。人类不同群体的互动之所以具有合作性，没有敌意，是因为不同群体通过交换得到了更多好处。广义上的"大家庭"包括姻亲，这使得人们跨越族群边界，因而大多数人会和不同地区、国家、大洲的人有血缘关系。正因如此，大多数人不只会说一种语言。除了近亲，大多数人在血缘上的联结是出乎意料的。与其他物种相比，人类的基因相似度更高。随机抽选两个人，他们的基因差异只有 0.1%，比随机抽选的黑猩猩要小得多。而不同大洲之间，人种的基因差异只是小概率的反常现象，例如斯里兰卡和瑞士。其中的部分原因是人类始祖人数锐减。但主要原因是人类可以通过贸易网进行异族通婚。撒哈拉南部地区是人类的起源地，占全球人口的 12.5%，也是基因多样性最高的地方。非洲东部与西部之间的基因差异是欧洲与东亚之间基因差异的两倍。虽然人类进化的复杂性背后有数十万年历史的积淀，但人类社会还是会将人简单划分为白种人或黑种人，仿佛肤色是二元对立，非黑即白的，能将人的基因纯度及种族做出有意义的区分。

人类大家庭之间的紧密联系，以及我们在基因上的相似度，意味着从生物学角度，并没有所谓种族差异。我们可以在世界各个角落寻根问祖。民族身份认同是我们与某片土地联系在一起的纽带，与文化紧密相关，有一定的随机性，通常是你出生那一刻所在的地方。遗传特性会有重合之处，也会跨越文化及地理边界分布，这样族群内部的基因差异不会少于不同族群间的差异（有些文化习俗禁止通婚，但是基因留下的证据显示通婚并没有停止）。

不管是为了军事入侵、逃难、宗教战争、探索未知、随处漫游、殖民统治、奴隶贸易，还是因为战争、工作、一夜暴富而举家搬迁，人类大型的迁移有助于过去几千年，尤其是最近几百年的基因融合。当人类的族谱出现越来越多的交汇之处，基因会跨地区高度融合，因而仅凭亲眼之所见，对族群内部及外部的人持有偏见将不会发生。因气候变化引发的迁移仅需几代人便可让这一切加速发生。例如，过去一万年，欧洲与西亚之间的基因差异缩小了一半。换言之，生物学意义上的种族概念是一种谬见，以此来区分不同的族群将不再具有可信度。

跨文化交易网的交点是城市。城市并不能孤立存在，而是需要依赖由商人、外交官、工匠组成的交易网引入新资源和新思路。与农村居民相比，城市居民的社交网络、身份认同感及与土地的联结都截然不同。城市居民可以结识形形色色本该素不相识的人，更广泛的社交圈会让人与人的互动带来更多成果，同时带动创新。当时的城市好比是文化工厂，吸引各色各样的人聚集一处。和其他的社交网络一样，城市具有协同效应，人口增加 100%，创新度增加 115%。

历史上，人类为了寻求机遇向城市迁移，这加速了科技进步，孕育了现代文明，促进了文字发展及现代工业化经济的诞生。城市生活对人类的健康带来负面影响，流行病的出现让死亡率增加。直到 20 世纪，城市并非安居之地，城市人口之所以维持稳定水平，是因为农村人口源源不断地涌入。随着卫生设施、排水系统及现代医学应运而生，城市才变得相对安全。

城市对基因产生的影响甚至比城市历史更久远。大约 400 年前，西非库巴部落有一位独具魅力的领袖——史娅姆·木巴尔，如今他在刚果民主共和国的西南部建立了一个国家，将该地区的不同部族聚集一起，变成一座更为开化的大型城邦。库巴国拥有高度现代化的政治制度，其中包括宪法、民选官员、陪审团庭审制度，以及公共福利和社会保障制度，因此那里成了创新交汇之地，以艺术品闻名遐迩。19 世纪末，比利时的殖民统治让这座多元城邦走向没落，但这里给后世留下的影响却从未消逝，有库巴血统的人基因多样性高于其他地区。

世界上主要城市的诞生得益于迁移，尤其是难民迁移，正如欧洲的罗马与威尼斯。我们将会经历史上最大规模的迁移，其效果相当于在未来的 80 年里，每 10 天就会出现一座百万级人口城市。接下来的几十年，城市化进程意味着非洲及亚洲的贫困人口为了打工赚钱离开农村地区。他们大多数人会住在人口密度高达 2 500 人每公顷的贫民窟中，共用两三个厕所（美国普通家庭的厕所数量）。如今有大约 30 个超级大城市，到 2050 年这些城市会形成超级城市群，例如中国的香港、深圳、广州城市群，大约有 1 亿人会居住在这些似乎永不落幕的城市里。未来这些超级城市群会比某些民族国家更有影响力。

如今我们可以看到更多权力下放到城市，因而在诸如气候变化及移民等问题上，城市拥有一定自主权。例如，管控移民及难民本应该由国家负责，但这个问题在实际管理中由市政府来处理。不管你是土生土长的居民，还是以合法渠道或非正规途径迁居至此，你所在的城市都能决定你的住房问题及就业问题。很多城市开始发放城市专属签证。例如，只要你能提供居住证明（比如电费账单），纽约的 NYCID 项目便会提供由政府签发的身份认证卡。据全球市长论坛创始人本杰明·巴伯称，实际上城市才是批准、控制、注册、监管移民人口的单位，移民迁居某地无须经由国家允许，国家并无立场控制这些人，实际上国家也没这么做。

我们现在处于过渡阶段，城市是高度发达的组织体，随着城市规模扩大，其运转速度及创新效率都会有所提升。

人类迁移史也是基因、文化、环境在数千年中不断变化的历史，是游牧发展和农业不断变化的历史，是游牧民族和农耕民族之间无休止角逐的历史，是帝国扩张和消逝的历史，是探索者穷尽天涯海角的历史，是他们的追随者的历史。这段历史既关乎归属，也关乎其对立面，流离失所，无家可归，没有国家庇护。这段历史关乎人类最自豪的居住环境——城市，以及城市吸引的数十亿移民。

我们通过自身维系的网络在世界各地留下足迹，当网络密集，彼此之间联系紧密，迁移会非常便利，社会也会繁荣发展。当网络联结受阻，迁移受到限制，社会文化会衰落。即使我们自己不迁移，我们的祖先也曾经迁移。现代社会若要正常运转，我们需要完全依靠其他人的迁移及资源的转移。人员及物资的互换、我们说出的话、吃的食物、听的音乐都依赖人类社会的迁移。

如今，人类迁移遇到前所未有的障碍，一些国家闭关锁国，筑起高墙。当人类面临最严峻的环境挑战——人口突破百亿大关，资源受限，出现人口结构危机，我们不能将最重要的生存工具弃而不用，这无异于让自己处于不利境地。只有当我们有计划地进行大规模迁移和再分配，才能应对这些全球性挑战。然而，过去的历史证明，大规模迁移往往是血腥和残忍的，如今科技发达的世界，暴发重大灾难的可能性一直存在。这一次我们需要在全球范围内进行规划，以人道的方式建设我们共同的家园。换言之，我们需要合法、安全、有规划、便利化的迁移。

第四章

几近疯癫

1800 年，全球人口数量突破 10 亿，这几乎用了 30 万年时间。短短 200 年后，全球人口达到 60 亿。20 年后的 2020 年，全球人口数达到 80 亿。如今，人类是世界上数量最多的大型动物，这场进化角度的巨大成功很大程度得益于祖先的迁移。

人类虽然在全球各地安居，但是分布不均，以群落聚居。小部分区域人口密度高，其他区域几乎渺无人烟。例如，孟加拉国的人口密度为 1 252 人每平方公里，是邻国印度的 3 倍，澳大利亚的 400 多倍，澳大利亚的人口密度只有 3 人每平方公里。

从地球之外的视角看人口密度会有出乎意料之处，人们会想当然地以为孟加拉国坐拥世界上大部分粮食以及一些其他宝贵的资源。如果更近距离地观察地球，便会发现大多数人聚集在小面积区域——城市。例如，马尼拉每平方公里有 42 000 人，而孟买的贫民窟达拉维，2 平方公里之内就住着有 100 万人。

这未必是一件坏事，什么地方能让自己和子女享有更好的生活就去哪里，这是人之常情，那里食物充足，居有定所，能更好地学习和赚钱。城市在这些方面能提供无与伦比的福利。如果我们给这些"最佳居住区"在地图上做出标记，便会发现这些地方并非是人口最密集的区域。从地球之外的视角看，这是令人困惑的。毕竟，其他物种的居住环境往往是最适合他们的，他们也在不断进化适应自己特有的生态位。人类却在为自己制造麻烦。

全球大多数人口聚集在南北纬27°附近，这也一直是气候最适宜、土壤肥沃的纬度地区，但现在这一切都变了。要适应气候变化，意味着随着生态位北移，人类也要跟着搬迁。全球生态位因气候变化需要向两极地区位移的平均速度是每天115厘米，很多地方速度要快很多。生态学家测算，如今气候变化的速率达到每年0.42千米，这代表包括人类在内的各类物种为了享受同样的气候条件，需要以这样的速度远离赤道迁移（见图4-1）。

不管是在古代还是近代，我们都无法选择自己的出生地，祖先迁移到哪，我们的家就在哪，很多人的家在生态灾难、人口拥挤以及贫困问题面前不堪一击。未来这些问题的恶化程度将不可估量。迁移是我们过去解决问题的方式，也能解决当下的很多问题，受益的不仅是迁移者，还包括迁出国和迁入国，尤其在经济方面。

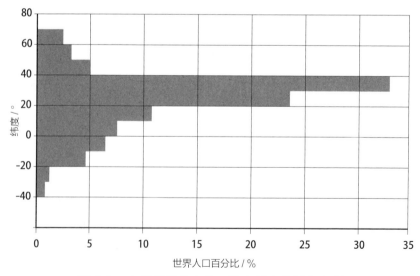

图 4-1　人类气候生态位：数十亿人的栖身之所

问题是有类似处境的人们在搬离至安全处的过程中会遇到重重困难。历史证明，人类能在任何环境中生存，我们之所以能如此灵活地选择生态位，仅仅是因为赋予环境以生命力的社交网支持我们这么做。离开这个支撑体系是可怕的。特别是当你搬至某处，却无法融入当地的社交网，这是不可想象的。

最主要的障碍便是国界，不管是迁出国还是迁入国，都会限制移民。19 世纪末，14% 的全球人口是跨国移民，而如今这个比例只有 3%（虽然人口基数比原来大很多）。然而，移民对全球国内生产总值（GDP）的贡献率高达 10%，相当于 6.7 万亿美元，比这些人在本国的经济贡献量高出 3 万亿美元。一些经济学家测算，如果我们消除所有国界，全球经济将增长 100%—150%，每年增长 90 万亿美元。我们不难发现，如果处理得当，移民会惠及所有人。

这样的论断乍听令人意外。确实，移民让业已超负荷的福利体系雪上加霜。我们需要税收之外的财政收入才能覆盖这些费用。这一切会不会有种不公平的刺痛？为什么获得就业岗位以及其他机会的是外来人口，而非出生在这里的人呢？他们理应在出生地工作。媒体及民粹主义的政客都就此发表了极具说服力的观点。但是，我们来看看事实到底如何，结果可能会出乎意料。

谁才是这里的主人

大多数反对移民的论断都是基于这样一个理念：民族身份是真实存在的，具有纯粹性，因而有些人生来就是这里的主人，而有些人不是。特朗普的极端移民政策的制定基础与种族主义科学和优生学相关，对此我感到毫不意外。我在撰写本书期间，黑色人种政治家大卫·拉米在全国性电台节目遭到诘问："你凭什么自诩英国人？"大卫·拉米 1972 年生于伦敦，从此便定居于此，但来电提问者自称祖上可追溯至盎格鲁 - 撒克逊时期，而大卫·拉米很显然属于非裔及加勒比裔的结合。（值得一提的是，根据《英国土地调查清册》记载，1086 年国王直接分封土地的 1 000 多人中，只有 13 位是英国人，其他都是新移民。）然而，这个事件的本质就是一个人公然指出，另一个人由于肤色较深，而被排除在白人部落外，只有她的部族才属于这里，才是这片土地名正言顺的主人和所有者。你可以简单地将其当作愚蠢的种族主义嗤之以鼻，但由此也不难发现，偏见在进化中可以找到源头。

人类很容易对外来者产生怀疑和不信任感，因此，人们自然而然会觉得外来者无权得到本地的资源。如今很多国家不乏抱持这种想法的人。在社群中彼此依靠对生存至关重要，因此在进化过程中，人类有无数种方法来证明自己是部落的成员之一，具有忠诚度并值得信任，因而有权享有安全保障在内的各种福利。这一点非常重要，因为人类不同于蜜蜂和蚂蚁这样的群居动物，并非仅仅需要依靠与自己有血缘关系的家庭成员。从出生起，我们主动学习或潜移默化地习得自己部落的社会常规（包括行为和文化习俗），毫不费力地融入自己的文化。社会常规越接近，你便能更好地预测他人的行为，判断他是否会按你的利益行事，是否值得信任。这可以降低人与人之间交换互动的成本。效忠部落的基础是你必须是自己人，既然有自己人，就肯定会有外人，我们必须保护自己的资源以免被外人掠夺，防止外人图谋不轨，同时不轻易对他们交付自己的信任。

对外族的偏见是人们从小耳濡目染形成的。尽管我们会将这种敌意包装成不认同文化差异，而不是针对个人的偏见，事实上这种认知模式是根深蒂固的。人们觉得与同族其他人有种天然的联结。例如，当他们看到同族人痛苦，大脑会做出同理反馈。但如果他们得知这个人并非本族人，例如，对手球队的球迷，那么同理反馈便会停止。通过界定族外成员，人们能够明确族内的边界，巩固内部立场。

个人身份与群体身份捆绑得如此紧密的结果之一便是，如果有人更换部落，便有可能失去自己的身份，同时被两个部落共同排挤，这会对心理健康带来不良影响。（移民罹患精神分裂症的风险要高于非移民。）但这并不能阻止人们继续移民，因为一旦融入某个群体，便可得到庇护及其他可贵的福利。

人们的外貌及文化背景越相似，区分不同部落的象征符号和社会常规便会更加重要。北爱尔兰的天主教徒和新教徒，以及卢旺达的图西族和胡图族在语言交流及外貌上极为相似，因此他们需要区分仪式、宗教及食物之间的细微差别。人们往往通过讲述故事来建立团体身份，其中自己被刻画为正义的一方——英雄或遭到不公正待遇的受害者，与其他群体彼此竞争。这些引人入胜的故事也是让人反目成仇的有效方式，原本具有一定社会相似性的个体，仅仅因为分属敌对群体，而互相厮杀。

当群体受到威胁时，为了捍卫部落的集体利益，群体内部的凝聚力是最强的。即使是 5 岁的小孩在群体遭受威胁时，也会表现得更愿意合作，更加大方慷慨。人们在团体作战时，存活的概率更高。带兵打仗的将领都知道，当整个军队做好准备为彼此抛头颅、洒热血时，每个战士的存活概率才会更高。

这也给政治家提供了一种相对极端的方式来巩固国家制度，让存在政治多样性的社会产生凝聚力，即借由与其他群体的竞争和冲突来增强国家凝聚力。这就能解释为何民族主义一直呈上升趋势。民族主义的表现能够说明群体受到威胁。它的作用像一个反馈闭环，群体内部成员因此相信他们受到移民及邻国的威胁。然而，大多数国家遭受的威胁并非来自外部，而是源于内部社会分裂及不平等，诸如贫富差距、年龄差距、城乡差距、学历差距。我们要意识到，尽管每个人身上都天然带有部落主义，这一点在历史上也有所体现。这并不是不可避免的，而且可以通过社会常规进行调节，不管这种社会常规是排他的，还是包容的。歧视和压迫并不是迁移的必然结果。

人类文化的最大悖论在于，历史证明，一方面人们会本能地忠于自己的部落，另一方面人们又依赖不同部落之间的关系网来交流思想，交换资源，彼此通婚。人类非常擅长运用纯熟的社交技巧，欢迎陌生人融入族群内部，促进族群间及族群内部的合作。世界上大多数人会说多种语言，很多人会有不同族群间的血缘关系，即使不是直接血缘关系，也会有间接血缘关系。人们的合作网会跨越多个族群，社会网络的每个节点，即每个人也会有属于自己的广泛关系网。虽然人和人之间存在间隔，但我们所有人都是彼此联结的。例如，大卫·拉米出生在英国，他的父母出生在圭亚那，祖上长达几百年都是受荷兰及英国人统治的黑奴，居住在如今圭亚那和巴巴多斯地区。他还有苏格兰血统，很有可能是由奴隶遭强奸所致，因此他的祖先不仅有奴隶，还有奴隶主。他的父母在英属殖民地工和英国都工作过，他们曾是大英帝国的臣民，二战后也参与了英国的重建。他曾用不同的方式描述自己的身份，包括英国人、英格兰人、伦敦人、欧洲人，以及非洲加勒比裔。历经几代人的变迁，我们也会有类似复杂的血缘关系，然而我们无法通过肤色看出这一点。

虽然部落主义会给移民制造障碍，但是有证据证明这样的阻碍在减少，尤其在年轻群体及大熔炉城市中，那里很难有真正意义上的内部族群，因此也很难定义外部族群。英国脱欧后，可能恰恰因为脱欧，英国的移民关注度在不断下降。根据益普索调查[1]，英国的移民关注度已经降至 21 世纪最低点。

世界各地的"千禧一代"不太可能将国别身份与种族身份等同起来。总体而言，他们看重随处迁移的能力，相比爱国主义，他们更在乎上涨的生活成本（特别是根据罗素的定义，爱国主义不过是为了鸡毛蒜皮的小事而互相残杀）。非常讽刺的是，民族主义领导人往往想将年轻人驱逐出国境。我们应该关注年轻一代的喜好，因为我们现在创造的是后代的未来。

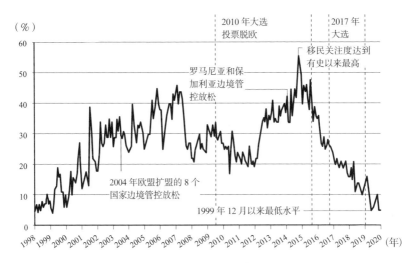

图 4-2 21 世纪移民关注度处于最低值

---

1 益普索调查：Ipsos，于1975年在法国创立，是全球领先的市场研究集团。——编者注.

从0分到10分，移民对英国的影响到底是积极的还是消极的
（0分是非常消极，10分是非常积极）

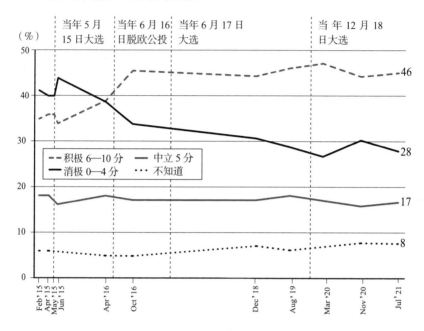

图 4-3　英国脱欧后的文化战争，国民对移民持乐观态度

国家的诞生

通过国界防止外族进入是一个较新的理念。过去各国往往更重视防止国民离境，而不是阻止外族进入，因为国家需要国民的劳动力和税收。例如，罗马时代的法律会将农民及劳工与农田绑定。古代中国也需要通关文牒到各地迁移。中世纪的欧洲也是如此。例如17世纪，英国劳工也需要各地签发的通关文书才能去异地工作，部分原因是防止人们去当地教区的济贫活动"顺手牵羊"。无独有偶，中世纪伊斯兰哈里发帝国，人们需要出示纳税凭证才能前往其他地

方。直至现代，不鼓励国民出境的文化一直存在。1816 年，《泰晤士报》的社论是这样描述将那些想要移民离开英国的人："这些人要么一贫如洗，愚蠢不堪，要么徘徊在社会边缘，素质低下，本质败坏。"

护照自诞生之始，只是保证境外行程安全的文书，并不限制入境。历史上某些时期，热衷敛财的地方政府会在城门口向行人收取过关费。港口被视为开放的贸易中心，不需要任何通关文件。

主要原因是 18 世纪前，民族身份几乎没有政治含义。人们拥有民族及文化身份，但这无法界定他们所在的政治实体。

当人类从成群结队地采猎转而在面积更大、拥有松散网络的村庄定居，人类社会的复杂程度也不断增加。这样的联盟关系会帮助人们克服艰难困苦，满足温饱及防御的需要。但大多数人最多只能和大约 150 个人保持长期的社会关系，这就是所谓的邓巴数。人类学家罗宾·邓巴发现灵长类动物的大脑容量和他们族群中的个体数量之间存在一个比值。他由此创建了邓巴数定律，即社交复杂度的认知上限。而 150 的上限值适用于各种社会群体，不管是采猎社会，还是 20 世纪圣诞节寄送卡片的清单。人类社会之所以能突破邓巴数上限，依靠的是等级制度。酋长可以管辖多个村庄，更高级别的首领则能够管辖若干酋邦。若要发展壮大，可以增加村庄数，如有必要，可以增加等级层级。

这意味着，在每个人长期互动人数不超过 150 人的前提下，首领仍可以指挥大规模团队。例如，酋长只需要和自己最亲近的人，以及他们的上级和下级有近距离互动即可。这种更复杂的社交网能够让人们开展更大范围的集体行动。村庄会围绕集市和城镇而建，出于赋税的目的分为不同村落，为军队提供物资，人们在此种植粮食以待收成，或是建造基础设施。从这种等级制度衍生出来的往往是城市和帝国，而不是民族国家。那是因为直到近现代，人口中的大多数都是农耕者，频繁地面临真实存在的饥荒风险。因此，人们的组织管理大多是自发的，首领很少参与实际管理，主要忙于征战来扩张领土或守住已有的土地。

即便是距今更近的时候，统治者也很少在对内治理上耗费精力。18 世纪的荷兰和瑞士甚至没有中央政府。哪怕在 21 世纪，比利时也有长达两年时间没有中央政府。19 世纪从欧洲前往美国的移民能明确说出自己来自哪个村，却无法说出自己来自哪个国家，因为国别对他们而言并不重要。我们可以按照统治者的不同，将人分为三六九等。你所在的土地，包括你本人，为了获得身份，都会沦为统治者通过征战、继承、通婚获得的财产。一旦脱离当地的集市，村庄之间鲜有沟通，因此人们是否有相同的统治者或是共同利益已无关紧要。联盟和领土是模糊易变的，目的不同，辖区的范围也会不同。直到 19 世纪，即便是英国也有不同的方言和语言。

这种松散的管理制度会限制复杂的集体行动，领导者本可以完成种植粮食、征税、打仗、维持秩序等更为复杂的集体行动。一些国家诸如罗马帝国非常擅长集体行动，因而能够进行更多管理。总体而言，现代以前，社会发展的上限取决于可利用的能源，主要是人力和畜力。中世纪的水能得到广泛使用，大大促进生产和贸易，社会因此变得日益复杂，最终导致权力分散的分封制被中央集权的君主制取而代之，君主制之下的各国长期混战。但这些并不是民族国家。

1648 年，变革的种子开始萌芽，德国北部签署了两大和约，结束了长达几百年的战争，死伤数多达几百万，其中也包括当时刚刚告一段落的"三十年战争"[1]。欧洲《威斯特伐利亚和约》从根本上宣布，目前存在的所有王国、帝国及其他政治实体拥有主权。任何国家都不得干涉别国内政。然而界定主权国家的标准是国家首领的家族谱系，而不是公民的民族身份。当时，"国际"这个词并没有任何意义，直到 18 世纪末才出现。火力发电让生产达到工业化规模，随之增加的社会复杂性，让政府也变得比原来错综复杂，能够完成更多集体行动。因此，我们需要一种新型政府。

第一批民族国家在数场革命之后建立起来，界定民族国家的标准是公民的民族身份，而不是统治者的血缘关系。引领拉丁美洲建立首批民族国家的是克里奥尔人，他们是欧洲殖民者的后裔，一心想脱离西班牙统治获得独立（同时提升社会地位）。而欧洲的民族国家是由法国革命者建立的。1800 年，当时的法国几乎没有人认为自己是法国人，只有 10% 的人会说法语。而到 1900 年，所有人都认同自己的民族身份，并用法语交流。到了 1940 年，温斯顿·丘吉尔提议与法国结成政治联盟："法国与大不列颠不应该是两个国家，而是一个联盟。"但却遭到法国拒绝。

一方面，"一战"之后，随着哈布斯堡王朝及欧洲其他多民族帝国谢幕，各国根据语言文化差异重新划分国界，民族国家成为常态。这其中有诸多实际的考量。当农业经济向工业化过渡，由于会缺少煤炭钢铁这样的必要资源，小国寡民变得越发行不通。一方面，庞大的国家需要更多精力治理，管理难度更大。而民族国家是经济上效率最高的组织形式。值得一提的是，人们通常认为世界上 200 个国家中的大多数是自古以来就存在的，其实这些国家是在全球人口

---

1 1618—1648 年，是由神圣罗马帝国的内战演变而成的一次大规模的欧洲国家混战，也是历史上第一次全欧洲大战。

数不到目前的 25% 时建立的。

这些国家的建立可能出于政治目的，但是不得不经历从无到有的过程。1860 年意大利统一时，只有 2.5% 的公民说意大利语。当时意大利的领导阶层彼此用法语交流。有人这样说道："缔造意大利之后，我们才开始创造意大利民族。"

建立国家需要创造民族主义意识形态，这在感情上等同于一个国家的"邓巴圈"。这样建立的国家结构是横向的，而非纵向的。民族身份需要依靠民众教育和大众传媒刻意营造。比如报纸和文学作品会统一的地方语言，从而形成横向的语言社群，人们在其中阅读并关注相同的事情。一旦人们的民族属性变得重要起来，身份证明文件的出现和现代国家的诞生，便是顺水推舟的事情了。

官僚机构是爱国主义的绝密配方

你或许认为国旗、国徽以及捍卫领土是培养民族认同感的必要元素，但是更确切地说，上述三点是成功建立官僚机构的必要元素。政府需要更多地干预人民生活，建立无所不包的官僚机构，才能治理复杂的工业社会，公民才能形成民族身份认同。例如，19 世纪 80 年代，普鲁士开始发放失业补助金。最初发放地为失业者的家乡，在那里所有人对彼此都知根知底。之后，异地就业的失业者也可以得到失业补助。这意味着官僚机构衍生出新的层级，来进一步定义谁是普鲁士人，谁才能得到社会福利。随后开始出现公民身份文书及国界管控。随着政府加大管控，公民可以获得更多由税收带来的国家福利，以及更多权利，比如投票权，这样公民会产生主人翁意识，认为国家是属于他们的。当时，民族国家是非自然、人为建立的社会结构，其产生的背景是日趋复杂的工业社会。民族国家建立的底层逻辑是这样的，即世界是由泾渭分明的不同族群组成，他们各自占据属于自己的领地，族群内部高度同质化。民族国家也是大多数人效忠的首要对象。但历史证明，真实世界远没有那么整齐划一。大多数人不只能说一个族群的语言，民族及文化多元主义是稀松平常之事。一个人可能会发自内心地认可某个部落的宗教，却热衷于另一个部落的美食。同样在时尚、语言、文化元素、生活方式等方面，人们的身份可能是多样的，可能是毫无交集的。人们往往会对多个社会群体产生归属感，因此如果认为人类的身份与幸福指数和某个凭空想象出来的民族团体必须绑定到一起，是略显牵强的，虽然这是很多政府的预设理念。爱尔兰政治科学家本尼迪克·安德森曾用一个广为人知的表述来形容民族国家，即"想象共同体"。

因此，民族国家模型屡屡失败也不足为奇。自 1960 年至今，各国爆发内战多达 200 场左右，其中有 10% 的国家经历了长达 10 年的内战。民族国家经历溃败后，会分裂成不同的宗教派系。这也常被拿来支持这样的观点：国家应当由单一的同质化部落组成。有些地方暴发灾难的原因是殖民统治结束后，需要用人为划定的国界重新整合多个民族团体。但是也不乏一些民族国家虽然由不同的部族组成，却治理得当，比如新加坡、马来西亚、坦桑尼亚，以及由各地移民组成的国家，诸如澳大利亚、加拿大，还有美国。不管如何，所有的民族国家或多或少都是由多个族群组成。阿联酋是一个极端例子，没有任何族裔占大多数，所有人都属于少数族裔。若民族国家每况愈下或是彻底崩盘，那么问题的原因并不是民族多样性，而是国家缺乏包容，即不管公民属于哪个族裔，都给予公平待遇。

缺乏安全感的政府会和某个特定的族裔结盟，并对其偏爱有加，这会滋生不满，造成不同族裔彼此对立，人们因此又会倒退至凭借血缘关系缔结盟约的阶段。与此形成鲜明对比，政府足够包容的民主国家往往更稳定，但这需要复杂的官僚机构作为支撑。分崩离析的国家往往没有复杂的官僚机构。官僚机构能够发挥复杂的社会功能，同时也是国家健康运行的体现。若要让多种多样的族裔融入运行良好的社会中，需要复杂的官僚机构，但是政府官员的组成必须同样反映种族多样性。各国用不同的方式处理这一问题，有些国家会用种族清洗来摒弃多样性，有些国家会对地方族群下放权力，让他们拥有发声的机会和自主权。当一个国家能像坦桑尼亚一样接纳包容多个族群、语言及文化，保证其平等的正当地位，便能成为容纳至少 100 个族群及 100 种语言的多样性国家。新加坡则是有意识地追求多族裔人口的和谐共处，跨族裔婚姻至少占 10%，由此产生了大量"中印混血儿"。

但是不公正的等级制度下，跨族裔婚姻的难度会大大增加，尤其当少数人通过殖民统治，将自己的意志强加于大多数人时。不同族群及其祖先获得民族身份的方式不尽相同，这样的差异会带来巨大的不平等。很多情况下，原住民不会获得正式的公民身份。直到 20 世纪 60 年代，澳大利亚土著人才被正式授予公民身份，尽管是他们最初发现这片陆地，并在此生活 60 000 年之久。

2021 年 4 月，南达科他州州长克里斯蒂·诺姆在社交媒体上发文称："南达科他州不会接收拜登政府计划重新安置的非法移民。我想对非法移民说的是，等你们成为美国公民了，再来找我吧。"

南达科他州之所以存在，是因为成千上万来自欧洲未登记的移民通过《宅地法》在 1860 年到 1920 年间无偿窃取印第安人的土地。

一个领导人一旦表明这种排他性立场，会导致所有人的公民身份意识变得淡漠，让注定归属此地的人与没有归属感的人之间产生嫌隙。

国家政府机构的包容是所有公民建立民族身份的起点，尤其是有移民大量涌入的情况下。然而长达数十年甚至数百年遗留下来的不公平现象，会在社会、经济、政治层面持续存在。毕竟，我们现在所处的时代，还是有人会因为肤色问题，去质问一个在伦敦土生土长、说英文清晰无口音的议员能否名正言顺地自称英国人。但是从官方层面，大卫·拉米的英国护照以及享有的权利，与质问他的人别无二致。

我们如何终结自由流动

当民族国家在法国首次出现后，这种政治模型便开始广泛传播，护照也是如此。然而，问题很快产生。工业革命导致生产活动爆发式增加，需要劳工、贸易、金钱的自由流动，因此各国放松了对护照的管控。1872 年，时任英国外交大臣格兰维尔伯爵曾这样写道："所有外国人有权不受任何限制进入英国，并在此居住。"确实，英国在历史上有提供庇护的光辉传统。从 1823 年直到 1905 年《外国人法》颁布，没有一个外国公民入境遭拒或是被驱逐出境。1853 年《泰晤士报》的社论这样写道："英国是一个庇护之国，她会不惜任何代价，甚至流光最后一滴血来捍卫任何寻求庇护的人。"与如今有些敌意的环境相比，英国确实历经沧海桑田。

直到 20 世纪，法律界就各国是否有权控制人口跨境流动仍存有分歧。欧洲各国在民族主义的驱使下，纷纷参战，正是民族主义让人们对外来者的态度发生一百八十度的转变，助长了人们的疑心和顾虑，人们甚至会担心外国人中会出现间谍。当时开始出现护照管控，过去的一个世纪这种管控变得愈发严格，并且在全球范围内实施。国界本身就是一种"界定他者"的架构。各国纷纷使用国界来维持内部及外部的等级制度。国界政策的案例包括《美国排华法案》（1882）《白澳政策》（一直延续到1973年），以及《英联邦移民法案》（大大限制了在英国境外出生的深色肤色人种的公民权利）。

全球范围内，过去几十年，国界管控变得更加严格。与移民相关的措辞变得愈加不友好，特别是针对难民。一些国家甚至愿意对其他国家做出经济补偿，只要它们能将有移民倾向的本国国民限制在国境内。例如，欧盟对利比亚就采取了这样的策略。丹麦和英国提出计划，为处理庇护申请，他们将寻求庇护者遣送至卢旺达。澳大利亚将庇护申请者转移至新几内亚和瑙鲁的收容所，在那里难民要么经受长期的煎熬，要么因为暴力及医疗资源匮乏失去生命，甚至通过自杀获得解脱。

移民一直被刻画为威胁安全的因素，因此承诺巩固边防在世界各国都是赢得更多选票的利器。民众被灌输这样的思想：移民会窃取就业机会，拉低工资收入，在包括医疗及社会福利的各类社会保障上搭便车。在政客的煽动默许之下，人口流动的相关表述变得极为负面。2012年英国出台了正式定名为"敌意环境"的边境政策，遭到广泛诟病，联合国人权委员会谴责这项政策会激发强烈的仇外情绪。有些人无法跨越人为划定的边界，并不是因为他们的所作所为，而是因为他们出生那一刻的身份和地理位置。

现在全球80亿人，因为出生这样的偶然性事件，被锁定在不同的地理范围内，护照和特权的获得和传承都极其不平等，有些人能因此毫无阻碍地探索世界各地，而有些人则被困于一隅。修筑高墙及妖魔化移民的后果包括死亡、奴役及仇恨犯罪。但这两种做法并不能阻止移民。人们会继续迁移，这也是我们应行之事。移民之势，不可阻挡。人类没有选择，只能为迁移创造便利条件。

超越国界

欧洲的反移民战争在地中海拉开帷幕，意大利战舰在此巡逻，负责拦截驶向欧盟地区的小型船只，使其转而前往北非沿岸的利比亚港口。其中一艘名为"卡普雷拉"号的战舰表现突出，获得了意大利反移民内政部长的赞誉，称其"捍卫了大家的安全"。此前，这艘战舰拦截了80多艘移民船只，载客数达7 000多人。2018年，他还在社交媒体上发了自己和战舰全体船员的合影，并配上文字"荣幸至极"。然而，同年警方视察"卡普雷拉"号时，发现船上有禁运香烟70万支，还有其他走私货物，利比亚船员用战舰将货物运至意大利贩卖，企图从中获利。进一步调查之后发现，走私集团规模比想象中更大，其背后是一整个暴利行业，牵连了多艘军舰。主导这次调查的警官加布里埃尔·加尔加诺中校说："我当时觉得自己就是跌入炼狱的但丁。"

这个案例凸显了人类如今对于移民荒诞至极的态度。控制移民被视作不可或缺的措施，但这种限制针对的是人，而不是物。人类付出艰巨努力促成商品、服务、金钱跨境流通。这是一个规模庞大的产业。每年，超过110亿吨物资在世界各地运送，相当于每人每年1.5吨的运送量。但是，人类作为经济活动的重要组成部分，却不能自如移动。工业国家面临人口结构的巨大挑战以及严重的劳工短缺，却无法雇佣移民作为劳动力；与此同时，移民也亟须就业机会。

整件事情的悲剧在于，非洲移民者向偷渡贩支付了大额的"进口税"，却从未安全抵达彼岸。有些移民者在军事干预行动中溺水身亡。如果没有安全合法的迁移路径，各国会错失移民税及移民带来的其他福利。当然，移民也失去了过上安全稳定生活的机会。

移民是经济议题，而非安全议题

目前并没有监管全球人口流动的国际组织。各国政府可以加入国际移民组织，但这是一个独立的联合国联系组织，并不是真正意义上的联合国机构，并不接受联大的直接监督，也无法制定通用政策让各国从移民带来的机会中获益。移民通常由各国外交部管理，而不是劳工部，因此决策过程中无法获得就业相关信息及统筹政策来为移民匹配就业岗位。我们需要新的机制来更高效地管理全球流通的劳动力。这毕竟是非常宝贵的经济资源。如果我们就其他资源和产品的流通拥有广泛的全球贸易协定，但却压制劳工市场的正常流通，这是极其荒唐的做法。

2018 年 7 月，联合国《安全、有序和常规移民全球契约》得到193 个成员国的正式认可，而美国不在其中。而同年 12 月份的签署仪式，只有 164 个国家正式签署采纳这份协议，拒绝采纳该协议的国家包括匈牙利、奥地利、波兰、意大利、澳大利亚、斯洛伐克、智利。这份协议不具备法律效力，着重强调所有移民享有普遍人权，其根本目的是消除针对移民及其家人的各种形式的歧视。这只是一份意向声明，并重申各主权国家有权决定各自的移民政策。就当时而言，这份契约效力太弱，无法达成上述目的。

根据国际移民组织的数据，到 2050 年，多达 15 亿人会被迫离开自己的住所。另一个科学家团队最近发布的分析指出，到 2070年，这个数值将达到 30 亿。全球流离失所者大多数来自发展中国家、热带地区，以及受气候变化影响最严重的国家。很多地区正在经历人口增长，特别是非洲，越来越多的年轻人迁移到安全地带，或是为了发展机遇而搬迁。对于发达国家而言，迁移可以解决大量劳工短缺的问题。接下来的 30 年，撒哈拉以南非洲地区会有多达 8亿人的适龄劳动力。印度的"千禧一代"人数会超过美国或欧盟的人口总和。中国亦是如此。60% 的全球人口在 40 岁以下，一半人口不到 20 岁，这些人是 21 世纪余下时间的人口主体。随着全球气温上升，这些寻觅工作机会、充满活力的年轻人会搬迁到其他地方。这些人会促进经济发展，还是会落得英雄无用武之地的下场？

当讨论移民相关的议题时，我们会卡在"允许什么"的问题上停滞不前，而不是未雨绸缪。各国需要转变观念，从"控制移民"过渡到"管理移民"。至少，我们需要建立新机制来支持合法的经济移民及劳工流动，为那些逃离危险的人们提供更好的保护措施。2022 年，俄罗斯与乌克兰冲突打响后，欧盟领导人就实施了一项边境开放政策，准许这场冲突的难民在欧盟地区生活工作持续 3 年之久，并满足他们住房、教育、交通等需求。这项政策无疑拯救了许多生命，此外，数百万难民无须经历冗长的庇护申请手续，便可以各自前往最适合自我发展、当地援助最得力的地方。欧盟各国通过社区、社交网络，或是机构组织用各种方式接收难民。他们腾出家中的房间供难民居住，捐赠自己的衣物和玩具，建立语言学习营，为难民提供心理健康支持。由于欧盟的边境开放政策，上述措施都符合法律规定。这为中央政府、接收难民的城镇，及难民本身都减轻了负担。

人们迁移后在一处定居，便会在那里建立活跃的市场。但是，如今的政策会限制这些市场的规模及潜力。

迁移需要资金、人脉关系和勇气，其过程是艰辛的，至少一开始是这样的，人们需要脱离家人、脱离熟悉的环境和语言，过着连温饱都没有定数的日子。在一些国家，人们无法因工作迁移。而在另一些国家，为人父母者为了外出打工，不得不让孩子留守在家乡，错失了陪伴孩子成长的机会。

其他国家的外出务工者为了获取城市或国外的工作机会，会支付中间人一笔高昂的费用，最终得到无异于做牛做马的外包工作，直至合同到期，才能拿回护照，回到自己的国家。他们挣得的薪水微乎其微，全被寄回家乡。这其中包括亚洲各国的建筑工人、中东及亚洲的家政工作者，他们几乎没有自我保护的能力，最终沦落到被奴役的境地，包括性服务行业、工作条件令人发指的血汗工厂、农业及服装行业。

另外，边境管控收紧，人们无法通过合法的途径迁移，但有数百万移民持续遭受虐待，其严重程度令人发指。即便人贩子及中介机构获得了高昂的费用，有些移民还是会因为出生之地的不合时宜，面临人身安全的威胁，甚至遭到性侵。和我们一样，大多数人都试图改善自己的境遇，搬离自己的原生地。

有些人搬离是为了逃命。

库图巴朗是世界上最大的难民营，从孟加拉国沿海城市科克斯巴扎尔开车南下需要一个半小时才能到那里。2017 年，仅仅几周时间，那里长满树木的山坡被夷为平地，因为大约有 100 万罗兴亚人为了逃离种族仇杀，一路跋山涉水从缅甸逃到库图巴朗——世界上最贫穷国家的最贫穷地区。

这个贫民窟占地面积大，杂乱无序，对整个社会及周边的环境而言都是严重的拖累。遇到旱季，土壤没有植被封固，风一吹沙尘便飘起来，所有的东西都会蒙上厚厚一层灰。我在难民营只待了两个小时，就觉得喉咙像火烧一般。雨季时，情况就更加糟糕。据说，光秃秃的山坡尽是湿滑的泥水，住在那里的难民不得不忍受肮脏不堪的积水没过自己的双脚。

库图巴朗到处都是用聚乙烯塑料和竹子临时搭起的帐篷，帐篷间的巷道漫起未经处理的污水。住在这里的人个个失魂落魄，他们有人痛失亲人，有人身负重伤，有人彻底失去活着的希望。和我交谈的每个人都经历了可怕的创伤及重大损失。但是大家告诉我最痛苦的事莫过于不能工作。男人、女人、孩子如同坐牢一般，坐在帐篷边的地上，打发这百无聊赖又无事可做的漫漫长日。暴力事件，尤其是针对女性的暴力事件尤为频繁。人口贩卖的风险持续存在。难民营内部的黑市经济相当猖獗，但受益者既不是广大的孟加拉国国民，也不是营内不堪一击的难民。相反，这些难民难逃被剥削的命运，并被视作一种负担。

虽然库图巴朗的人口、楼房、街道、社会性及宗教性建筑符合城市的标准，但库图巴朗并没有发挥城市的功能，其中至关重要的原因便是库图巴朗并没有和难民营以外的地区产生联系。城市之所以能作为经济中枢，是因为它们是网络中的重要节点，人们在此进行资金交易、资源交换、劳动力流通并集思广益，发挥 1 + 1 > 2 的作用。一旦减少这种互通有无的做法，经济发展便会遭到限制。英国终结与欧盟之间的自由流通之后，就出现了劳工短缺，从而导致粮食及燃料供应不足。英国前首相鲍里斯·约翰逊将移民比作海洛因，称低薪及低成本移民一直在给大大小小的公司做毒品静脉注射，而这些公司需要脱离对移民的依赖，可是一旦这些公司急需基础劳动力比如送货司机及采摘水果的人手时，他们还是会被迫签发紧急签证。2021 年英国招聘与就业联合会的数据显示，英国劳工短缺达 200 万。脱欧的英国是唯一一个刻意自设贸易壁垒的西方国家，其经济后果可想而知。

虽然孟加拉国收留了很多罗兴亚人，但并未授予他们难民身份。这种情况下，他们不允许离开难民营或出去工作，接受教育的机会也十分有限。罗兴亚人属于无国籍的公民，他们被困在异国他乡光秃秃的山坡上，毫无希望。政府仿佛有意要强化本国国民与难民的分歧对立，计划将那些手无缚鸡之力的无国籍人士搬至孟加拉湾的孤岛上，而那里长年受飓风和洪水的威胁。

库图巴朗的难民反复跟我说："我想要获得公民身份。"全球范围寻求庇护的难民会长达数年都处于这种悬而未定的状态，无权参与正式的经济活动，进行正常的社交，甚至无法继续生活下去。他们的人生就此荒废，原本可能前途无量的人才沦为社会的负担。英国有大约 400 名寻求庇护的难民等了整整十多年，才熬到处理申请的那一刻。

其他地方的情况更加恶劣。我曾经拜访四个大洲不同国家的难民营。有数百万人生活在悬而未决的状态中，有时候几代人都是如此。世界各地的难民营人满为患，不管他们来自苏丹、巴勒斯坦、叙利亚、萨尔瓦多，还是伊拉克，我们面临相同的议题：他们需要尊严，即能够供养家庭的能力，这需要他们能够工作，迁移至不同的地方，保障人身安全。目前，很多国家有类似的诉求，虽然这种愿望非常质朴，也能互利互惠，但却是那些最需要它的人无法企及的。随着环境的变化，会多出数百万人可能落得无处安居。就全球而言，封锁国境或是不友好的移民政策不能发挥任何作用，因为它对任何人都不能带来益处。

我们正在目睹史上最高级别的人类迁移，而且其规模只会继续增加。2022 年，全球难民数超过 1 亿人，相较 2010 年翻了一倍。其中有一半是儿童。因战争或灾难流离失所的难民中，只有极少一部分有正式的难民身份。此外，根据联合国难民署估计，全球未登记难民数达到 3.5 亿人，仅在美国就有 2 200 万人，着实令人震惊。这其中包括非正式劳工，及循着既有路线穿越国境的非法移民。这些人没有得到法律许可，生活在社会的边缘，无法享有社会保障系统带来的益处。目前，全球 20% 的儿童，其中有一半来自非洲，是所谓的"隐形人"。换言之，这些人的存在没有正式记录在案。

有时候，人们被迫逃离的原因是冲突、迫害及自然灾害。有时候，是所有微不足道的"不体面"，例如贫穷、失业、偏见、骚扰累积到一起发生质变。一个人是否真正意义上穷途末路是很难清晰界定的，他们到底是确实需要庇护的真难民，还是境遇良好的假难民。这样对他人评头论足的表述，对任何人都没有实际的帮助，反而会拉低我们所有人的格调。

只要全球有 42 亿人生活在贫困线以下，发达国家与发展中国家的收入差距不断拉大，人们就需要迁移。如果他们住在受气候变化影响的地区，上述负面影响只会更加凸显。各国有义务为难民提供庇护，但是根据 1951 年《关于难民地位的公约》中难民的法律定义，这并不包括因为气候变化流离失所的人。但是现在一切有了转机。2020 年，关于难民的判定有了标志性的突破，联合国人权委员会裁定，气候难民无法被遣返。换言之，如果有人因气候变化遭受生命威胁向一国寻求庇护，若该国将其遣返，就是违反人权义务。如今，因气候变化流离失所的人已经达到 5 000 万，超过了因政治迫害逃离的人数。

难民与移民的区别并非泾渭分明。如果有人为了逃离战争或旱灾前往他国寻求庇护，最终会获得难民身份。但是如果他们前往他国寻找就业机会，或与家人团聚，就会被界定为"经济移民"。政治上会将这类移民定性为不配获得移民资格或不受欢迎的移民类别，会给社会福利体系带来潜在的负担。飓风的灾难性影响会将村庄瞬时夷为平地，让人们一夜之间沦为难民。但是，气候变化对人们生活的影响是逐步累积的过程。又一年收成不好，又一年夏季酷暑难耐，这些都有可能成为压垮人们的最后一根稻草，迫使他们前往更好的环境。这类人会被归为经济移民，但他们也是人类世的难民，全新世是人类世之前的地质年代，人类的祖先通过社会及文化将地球变成我们的家园。如今，全新世的地质环境离我们远去，我们已经迈入人类世，每个人拥有相同的权利享有 21 世纪的宜居环境。

第五章

移民的财富

国境管控是距今不久才出现的，我们对民族身份及移民的态度也是距今不久才从上一代人传承下来的，但这种态度却为我们制造了大量额外的麻烦。人们被困在恶劣甚至致命的环境中，如果他们能自如迁移，此刻说不定正在努力改善自己的生活，为社会做贡献，在安全地区参与经济活动。

移民能够促进经济发展，带动创新，创造财富。移民对社会做出的贡献远远超过他们对社会的索取。当移民前往城市时，便会产生协同效应。当然，移民也会从中获得巨大的益处。迁移是目前为止脱离贫困的最有效方式。乔治梅森大学的经济学教授布莱恩·卡普兰曾说："开放国境可以迅速解决地球上的所有赤贫问题。"因为人们可以迁移到更适合挣钱的地方。

虽然身不在此，但由于经济上千丝万缕的联系，移民者还是会间接改善母国的生存条件、教育、住房及发展机遇。移民者建立的关系网会促进技术转移、贸易、投资、社会常规互通交流，从而进一步促进经济增长。一项研究表明，一位印度的企业家如果要引用美国的某项专利，会更加倾向于采用印度工程师申请的专利。同样的情况对中国人也是适用的。知识的流动绝非随机发生，其重要的流通渠道便是移民者建立并维系的关系网。技术移民会影响各国的比较优势，大大促进母国的经济发展，将资金投入导向培训及教育领域。

　　菲律宾因其训练有素、专业度极高的护理人才享誉全球，这些人才在世界范围内供不应求。而西方国家人口老龄化，能够照料阿尔茨海默病患者的护工缺口严重。因此，移民对部分菲律宾国民而言是脱离贫困的机会。即使是经过专业培训的人才，在经济落后的国家也还是很难寻得就业机会，因此迁移到真正需要他们的地方才能让这些人获益。选择迁移会提升高中及继续教育的入学率，普遍地改善学历水平。一项研究表明，菲律宾移民人数增加后，中学入学率上升3.5%，收入水平也有所提升。然而，医护这样高技能人才的出走会给移民来源国，尤其是较小国家带来严重影响。但有大量证据显示，如果拉长时间线，人才外流并非常态，而只是例外。事实上，移民对来源国而言是有益的。如果担心人才外流，移民的来源国和目的国应当合力调整人才技能，适应双方的发展需要。这意味着，对菲律宾而言，目的国可以增加投入，培养更多擅长其他领域的护理人才，比如儿科护理，来满足菲律宾当地相关人才的缺口。全球范围的阿尔茨海默病病例到2050年会增加至原来的4倍，因此对菲律宾而言，增加这方面的培训投入可使之一跃成为这一专业领域的核心国，也可满足本国的人才需求。各国签订的双边协定可以保证，缺乏劳动力的移民目的国通过投资为劳动力丰富的移民来源国带去技术及科技支撑，这样双方便可以各取所需。例如，通过投资为50%的大学护理专业学生提供专业培训，并承诺20%的学生可以得到移民目的国的就业机会，这样的协议往往还包括对移民来源国进行社会及基础设施建设的投资。

　　2018年，全球技能合作伙伴关系变成一项政策，得到了《全球移民协议》的 163 个成员国的支持。这个模型要求移民来源国进行人才培训，培训的技能专门针对移民来源国及移民目的国的需求，并且能够立即满足它们的需求。有些人才会留在移民来源国，并优化当地人力资本。而有些人才会迁移至移民目的国。移民目的国会提供培训的技术和资金，并且接收技术移民，让他们尽快融入新环境，并做出最大的贡献。

有大量技术移民出走的国家也会采取措施吸引他们归国。中国和印度通过在研发方面的投入，调整政策，为科研机构提供新的支持，提供家庭福利，将出国的人才吸引回来。这些移民在国外居住期间提升技能，积累履历，将宝贵的专业知识带回国。全球移民随之带来的全球知识加速转移是一项重大的益处，也是我们过渡到新型绿色经济、脱贫攻坚的重要部分。

这也意味着，如果我们阻碍移民，对发达国家而言，政府不仅在强行阻止最贫困人口自我救助，也在限制自己的生产力。有充足的研究表明，从战略角度看，接收移民远胜于将他们拒之门外。前者能保障国家稳定，巩固经济发展，后者则只会造成冲突和痛苦，后果会延续几代人。相反，麦肯锡全球研究院发布了一项涵盖 200 多个国家的标志性报告，结果表明，"如果移民在社会经济层面更好地融入，可能为多达 1 万亿美元的经济收益奠定基础"。

几百年前，欧洲才开始引入正式的国界概念，在此之前的数千年，全世界是一个人类全球共同体，如果我们现在也将地球视作共同体呢？布莱恩·卡普兰教授曾说："促成全球劳工自由流通不仅是正义之举，也是通往全球繁荣的最佳捷径。"位于华盛顿特区的全球发展中心的迈克尔·克莱门斯做过这样的推测：如果仅对临时前来的工作移民开放国境，能让全球 GDP 翻倍。此外，人类会见证更为丰富的文化多样性，众所周知，这能够促进创新，而当我们面临前所未有的环境挑战及社会挑战时，我们最需要创新。

取消国境可以让人们在面临全球气候变化的压力和冲击时，拥有更强的韧性。然而，社会的某些领域也会有人因此遭到淘汰，尤其在移民目的国。因此，我们需要保障有力并且充满活力的社会政策以及相应的福利政策，才能完成过渡。

人们对于大规模移民最大的顾虑之一便是移民者会抢走当地人的就业机会，并拉低薪资水平。这乍一听似乎合理，实则大错特错，因为经济并不是零和游戏。首先，移民会让劳动力的技能结构更加多样，提升经济的整体效率，带来更多就业机会。其次，移民的加入也会扩大经济规模，他们需要用餐、购物、理发，通过使用工资消费以及缴纳税费，支撑起新的就业岗位和产业。

移民带来的经济效益意义重大，立竿见影，持续时间长。一项研究发现，1860 年到 1920 年之间接收大量移民的美国郡县，到 1930 年人均制造业产出平均增加了 57%，农产品价值增加 58%。2000 年平均收入及受教育程度增加 20%，失业率及贫困率减少。

然而，对于移民的顾虑依旧存在，尤其是低技能劳动力的涌入，因为低技能劳动岗位适合最广大的当地人，尤其是最贫困人口。"低技能"和"高技能"这样的表述是政策制定者及经济学家用来描述某个职业所需的正规学历培训。例如，技术含量最高的职业——心脏外科医师需要多个本科文凭。而"低技能"岗位往往和手工劳动有关。事实上，这样的表述并不能完全体现一个人拥有的全部技能，会忽略掉其他在就业中非常重要的特质，比如工作意愿及学习能力，也不能完全体现一个岗位的价值。然而这两种移民得到的待遇是截然不同的。

多项研究着眼于移民的影响，有证据表明，大批低技能移民的到来对当地人的工资和就业前景并没有消极影响，往往会有积极影响。如果拿几乎没有移民的城市与有大量移民的城市进行对比，后者的薪资往往更高。部分原因是移民往往向发展机遇更好的地区迁移，因此吸引更多移民的城市往往薪资更高。但是，移民本身对经济的影响也是原因。

1980 年 4 月，卡斯特罗毫无预兆地发表演讲，宣布允许古巴国民从原本封锁的国界逃离。直至同年 9 月份，至少有 125 000 人到达迈阿密，大多数人几乎没有受过任何教育，那里的劳动力市场规模至少因此扩大了 7%。加利福尼亚大学伯克利分校的劳动经济学家大卫·卡德开始研究移民涌入对迈阿密当地薪水的影响，比较了移民涌入前，移民涌入期间，以及之后数年这三个阶段薪水的变化。他将迈阿密薪水变化的轨迹与其他规模相似的城市进行对比（亚特拉大、休斯顿、洛杉矶、坦帕）。移民者之所以选择迈阿密，无非就是因为那里是距离古巴最近的登陆点，而卡斯特罗宣布的消息又是那般突如其来。因此，迈阿密的工人及企业没有任何反应的时间。

卡德的研究发现，当地人的工资，即使是技术含量最低的劳动者都不会受到移民涌入的负面影响。因为，世界各地有不计其数的其他研究得出了相同的结论：没有证据能够证明，移民者会抢夺当地人的就业岗位或是拉低工资。其中一项研究的内容是：1962 年法国殖民统治后的阿尔及利亚获得了主权独立，一些被遣返的阿尔及利亚人移民至法国。20 世纪 90 年代，苏联放松边境管控，有很多人移民至其他国家，仅用 4 年，以色列的人口便增加了 12%。另一项研究是关于 1994 年至 1998 年间，世界各地大量涌入丹麦的移民。的确如此，加利福尼亚大学戴维斯分校的乔瓦尼·佩里从研究中得出结论：1990 年到 2007 年，来自各地的美国移民让平均工资增加了 5 100 美元，占同期工资总增幅的 25%。

虽然上述研究以及最近的研究一直都有相关证据，有些人依旧会担心移民对就业造成的威胁，因为如果结论是没有任何威胁，这听起来似乎有些违反常理。按道理来说，一样东西越多，价格就越低，这是供给和需求的规则。然而，因为某些原因，这并不适用于工作与薪资。随着移民者的加入，虽然劳动力的供给增加了，但由于移民者会花钱购买服务和商品，带动经济发展，劳动力的需求也会增加。这两者便相互抵消了。我们可以看一些缺少这种补偿效应的案例，便可以彻底理解这种补偿效应。曾经有一段很短的时间，捷克人可以穿过国境去德国的一些城镇工作，但是无法居住。他们占所有劳动力的 10%。这些两地往返的劳动力对薪水影响甚微，但却冲击当地就业，使其大幅减少。这是因为捷克劳工并没有在德国用自己的薪水消费，而是把所有赚来的钱带了回去，因为他们并不是移民。

低技能移民能够增加就业的另一个原因，是它会推迟机械化和自动化的使用，这两者都需要大量的资本投入和培训，往往会改变供应链。这些人力成本合理的劳工可以直接上岗参与农业及工业生产，对于老板而言，这会大大降低劳动节约型技术的吸引力。然而，当移民遭到遣返或是无法进入某国，原本深度依赖这些移民的产业便会专注于机械化生产。例如，1964 年墨西哥农民被迫从加州撤离。两年时间内，番茄采摘从原来的纯手工模式变成全面机械化。这段时间内，加州不再种植那些无法机械化生产的作物，包括生菜、芦笋和草莓。换言之，一旦移民离开，原本适合所有人的工作岗位便大大减少。

移民能够促进劳工市场重组，对当地人而言往往是一种福音。一般来说，低技能移民会获得体力劳动岗位，而当地人由于拥有语言优势，更有经验，会获得更高阶的非体力劳动岗位，这些岗位需要更好的沟通技巧，可以获得更高的薪水。我们对丹麦进行国别研究时，以及 20 世纪初欧洲人大规模移民美国时，都见到过此类就业岗位升级。换句话说，移民者和当地人并不会直接在就业上形成竞争。但是能力、技能、知识的多样性会提高劳动力的总体生产力，对所有人都有利。移民的增加意味着劳动者可以更精准地满足需求，获得适合自己的技能组合，从而提升经济各个领域的生产力。劳动力增加会带来利润的增加，因而增加生产领域的投资。

很重要的一点是，移民能够获得的大多数就业机会都是本地人并不愿意做的工作。移民的出现犹如润滑剂一般，可以促使整体经济的齿轮转动。如果移民承担了照顾孩子、病人、老人，打扫卫生，做饭这样的有偿劳动，本地人（原本需要义务承担这些工作）便可以加入或者重返劳工市场。大多数父权社会国家中，有更多移民意味着，高技能女性便能加入劳动力市场。

富于进取心的移民通过创业，可以促进更多移民及本地人就业。他们创立的一些企业可以带来更多社会、经济、文化生产力，驱动全新的经济发展，比如美国的唐人街、小希腊和小意大利。过去，大部分移民都属于经济条件最差、无一技傍身的群体，对他们而言，脱离赤贫状态来换取出路，是有百益而无一害的事情。而如今有了国境及边境管控，只有最富裕的人能够承担移民的成本，也只有技艺高超、积极主动的人才能够合法地从落后地区迁移到其他各个国家。很多人带来了卓越的才华、远大的抱负、渊博的知识。这些移民及其后代成了就业机会的创造者、创新的引领者、企业的缔造者。

很多人成为家喻户晓的名人。美国的 25 强企业中有一半以上都是移民创立的公司，很多都是为人熟知的品牌，包括谷歌（其母公司为 Alphabet）、卡夫食品、雅虎、特斯拉。硅谷是科技界的"日内瓦"，那里一半的公司创始人以及 2/3 的员工都是移民。亨利·福特是移民之子，史蒂夫·乔布斯的父亲来自叙利亚，辉瑞公司的新冠疫苗研发者是德国的土耳其移民以及美国的匈牙利移民。

事实是，经济生产力及社会活力需要多种多样的技能和才能，从水果采摘到电脑编程，从卡车司机到芭蕾舞演员。

人口减少危机

1950 年，女性一辈子的生育数量为 4.7 人。2020 年，女性平均生育率几乎减半，只有 2.4 人。但这些数据隐去了不同国家间的差异。西非尼日利亚的生育率有 7.1 人。地中海岛国塞浦路斯，女性平均只生一个孩子，欧洲的平均生育率是 1.7 人，这会带来一个巨大挑战。

欧洲人口到 2050 年会缩小 10%，并面临老龄化问题。到 2060 年，老年人和儿童将会比适龄劳动者的数量多出 20%。仅德国一国便需要引入 50 万名移民来弥补适龄劳动者的不足。根据国家统计局数据，英的人口增长也完全得益于移民迁入，那里的生育率只有 1.7 人。未来几十年，即使根据最乐观的预测，欧洲的适龄劳工人口也会减少 30%。现在已经有 20 多个国家每年的人口规模在不断减小，其中包括波兰、古巴、日本，2018 年，这些国家人口流失量达 45 万人。这些国家女性的生育人数少于能够让人口持平的平均值 2.1。如果不是因为稳定上升的预期寿命，人口下降则会更加明显，但最终的下降速度还是会越来越快。2100 年，日本的人口将从 1.28 亿人降至 5 300 万人。

这一点深刻地改变了全球社会。二战后经济奇迹的背景之下出生的"婴儿潮"一代，在 20 世纪 60 年代成长为手握政治经济大权的年轻人，并成为如今世界的主宰者。这代人也带来了长达 10 年巨大的社会变化和颠覆性改革，而"婴儿潮"如今仍在持续影响下一代人，很显然我们已经进入老龄化时代，老年人掌握了财富和权力。英国的"婴儿潮"一代，5 人中有一人是百万富翁。到 2065 年，超过 25% 的人口在 65 岁以上。"银色社会"会面临更少的暴力与战争，但其合作性也更差，保护主义更强。正是银发投票者将英国投出欧盟，让特朗普入主白宫，让土耳其总统埃尔多安当选。

人口老龄化是一场影响世界上大多数国家的严重危机。没有年轻劳工的生产力，没有相应的税收来支持越来越多的高寿老人、儿童，以及因为疾病、残疾无法工作的人，社会便会无法正常运行，经济会陷入停滞，甚至面临崩盘的终局。中国将在 2025 年迎来拐点，到那时人口增长会到达平台期，人口规模甚至缩小，因为新生婴儿减少意味着人口增长减速，经济增长动能反转。其他大国的出生率也出现了极端的下滑现象。印度的生育水平已滑落至更替生育率的 2.1 人，并且还在继续下跌。世界第五人口大国巴西生育率仅有 1.8 人。俄罗斯的人口危机已经导致农村乡镇完全看不到年轻人的身影。欧洲地区的一些村庄直接被挂牌出售，甚至免费出让，为了吸引人们前来重新振兴这些地方。城市规模不断缩小，得到的投资也会减少，会使其加速陨落，更难吸引他人居住，这是一个恶性循环。美国经济负增长的城市包括纽约、圣·何塞以及波士顿。欧盟 20% 的城市在缩小，这是一个巨大的挑战。

人口萎缩的结果便是 2030 年美国至少需要 3 500 万新增劳工，2050 年欧盟需要 8 000 万新增劳工。日本则需要 1 700 万新增劳工，以维持现有的生活品质和社会保障体系。经济衰退期间，这些经济体经历了严重的劳工短缺，但当时的非法移民大赦，一定程度上缓解了劳工短缺。然而，各国不久便会开始抢夺低技能劳工，更不用说有一定技术含量的劳动力。值得一提的是，尽管与普遍观点不一样，通过积分系统（会根据技能打分，获得足够分数的人便可获得移民资格。澳大利亚实施积分系统。）移民的主体其实是低技能劳工，因为他们之所以能顺利移民，凭借的身份就是高技能劳工的家人。大多数的欧洲移民之所以能顺利迁移，也是依靠从事家政服务的女性劳动者。

一些贫困地区的人口仍在增加，特别是非洲国家，虽然很多国家的人口增长率在下降。然而，非洲正遭受三重困境的夹击，爆发式增长的年轻人住在赤贫的农村地区，随时面临环境灾害的威胁。居住着大约 1/4 全球人口的南亚，也面临类似的问题。根据世界银行预测，南亚将很快成为爆发粮食安全问题的风险最高地区。大约有 850 万人已经逃离，大多数前往波斯湾地区，超过 3 600 万人将紧随其后。很多人预计将在印度恒河河谷定居，但这也只是权宜之计，因为 21 世纪末，热浪及潮湿的环境也会让这一地区完全丧失宜居性。

解决之策显而易见，几乎无须明说。但人们也很少将其搬上台面作为政策进行探讨——以符合大众利益的方式帮助他人顺利搬迁。

很多受气候变化影响的国家，或是受到其他压力诸如专制政权影响的国家，会有大批生活在贫困中失业的年轻人，也会爆发冲突。创建安全的移民路径引导人们前往安全、人口稀少的国家，有助于这些年轻人重新加入社会生产，因为他们往往接受过高等教育。2015 年至 2016 年的叙利亚危机，德国和瑞典接纳了很多叙利亚难民，并从中获益。虽然只有 1% 的人会说当地语言，但是大多数人在新的定居地找到了工作。尽管民族冲突增加，但是 2021 年选举表明，反移民的极右势力在选民中的人气明显下降。

德国接收的 100 万名移民虽然总体而言是为了应对人道主义危机，但也是一个精明的经济决策。德国需要填补劳工缺口，这个缺口产生的部分原因是大量土耳其移民在经济繁荣期回国，导致德国土耳其移民缺失。瑞典也借机让原本人口稀少的村庄重新焕发活力，学校重新开学，足球队也恢复训练。随着人口老龄化的加剧，接收更多移民已经成为经济上的必选项，因为这样可以将老年人口抚养比维持在较低水平。我相信，从长远来看，那些最终在其他国家定居的乌克兰难民，会给所在国带来经济上的好处。

毫无疑问，移民到其他国家，首先受益的是移民者自身。根据世界银行的数据，一个从贫困国家迁移到富裕国家的移民，其收入会翻 3 到 6 倍。一个毫无劳动技能的尼日利亚人，在美国的收入比在尼日利亚多 10 倍。墨西哥的劳工平均薪资会增加 150%。更高的薪资是推动移民的主要原因之一，但迁移带来的机遇不仅限于经济层面。富裕国家会有更先进的体制、更有能力并且更为清廉的领导层、更有效的市场、运营得更好的跨国公司，以及更高的安全度。这样的环境意味着，即便做同样的工作，富裕国家的劳工生产率也要高于贫穷国家。发达国家的科学家会更加多产，因为他们有更先进的仪器设备、更稳定的资金来源、更广泛多样的专业知识储备，以及更多的合作机会。发达国家的建筑工人能造出质量上乘的房子，因为他们拥有更好的工具、更优质的材料、更可靠的供电供水，以及更严格、执行力度更强的法规来为房屋的安全及质量把关。

人行道上的万亿美元

根据世界银行的研究，如果富裕国家通过移民将人口增加3%，不到10年，全球GDP增幅会超过3560亿美元。首席研究者迈克尔·克莱蒙斯称："如果国界全部放开，就意味着有数万亿美元躺在人行道上等着被捡起。"这的确有一定道理：为了发展经济，就得提高生产力，而其中一种方法就是增加劳动力。

联合国国际劳工组织进行的一项针对15个欧洲国家的研究发现，一个国家的人口通过移民每增加1%，GDP便会增加1.25%—1.5%。澳大利亚之所以能在2009年全球经济衰退期间依旧保证GDP增幅3%，是因为澳大利亚一直有移民加入，每4个澳大利亚国民中，就有一个出生在海外。

因此，移民不仅是针对个人的适应性战略，也是社会的适应性战略。一项研究测算，我们能够通过转移经济活动来减少气候变化带来的很多经济花费。根据研究，目前90%的全球生产仅使用10%的全球土地。因此将受到气候变化威胁的10%的土地转移到剩下的90%土地中较为宜居的地区是比较合理可行的。研究者会根据气温上升的不同幅度来模拟全球经济运行状态。第一个场景下，人们可以自如地在各地迁移。第二个场景下，人们的迁移是受限的。第一种场景下的福利损失较小，因为人们会大幅地向北转移：赤道温度小幅增加2℃（相当于两极地区增加6℃），会导致21世纪末农业及制造业的平均纬度位置向北移10度。这就好比奥斯陆拥有和法兰克福一样的气候，芝加哥拥有和达拉斯一样的气候。温度上升幅度越大，地点位移幅度就越大。

然而，在移动受限的第二种情况下，福利损失急剧增加。气候变化模型将北纬 45 度作为硬边界（穿过美国北部和欧洲南部），10 亿人生活在边界以北，大约 60 亿人生活在边界以南，前者的农业生产力会有所提升，后者的经济状况会下滑 5%。换言之，促成迁移会让我们的经济更有韧劲。

居住在农村是如今人类最重要的致死因素之一，因为农村居民很难获得医疗资源、干净的饮用水，以及卫生设施。农村地区的贫困现象及营养不良更为严重，人们的生存风险高。根据国际农业发展基金，全世界 3/4 的饥饿人口居住在农村地区。平均而言，农村收入要比城市收入低 1.5 倍。这一问题可以通过向城市迁移得到解决。

如今有数亿人加入人类历史上规模最大的迁徙中，从祖祖辈辈生活的农村来到规模不断扩大的城市中。这意味着离开牢固的代际关系网，以及家庭所拥有的可耕种土地。农村几乎没有赚钱机会，也缺少发展机遇，积贫积弱。每经历一代，家庭人均分得的土地会越来越少，即使环境再恶劣，也都得在地里种植粮食。因此，穷途末路者不得不到其他地方寻找致富的机会。2100 年，几乎所有人类都会居住到城市中。

为人子女者前往城市打工，并非永久迁移，至少一开始不是。他们前往城市打工赚钱，然后寄钱回家，支撑需要抚养的家庭成员，包括年迈的父母、由亲戚代为照顾的子女，以及年幼的弟弟妹妹。这些进城务工者寄回家的钱恰恰是支撑许多国家农业经济延续下去的源泉。每年全球范围内，像这样被转移到农村的汇款多达 5500 亿元，虽然疫情期间数量有所减少。坦白说，如果不是因为移民的汇款，很多不发达地区的村庄根本无法持续发展下去，甚至早已遭到遗弃。

这些汇款带来的益处不仅限于移民的近亲。在加纳，如果一个孩子所在的家庭得到了国外亲戚的资助，那么他完成中学学业的概率会提高54%。学校本身就是依靠这样的经济资助建起来的。这笔钱还能用于建造房子，创建公司，为他人提供就业机会，或用于机器的投资和设备的升级换代。

一切的关键便是不断循环的关系网，可以促进移民流动，从而带动移民来源国及目的国的繁荣发展。人员及物资的循环流动是可持续移民很重要的一部分，在任何成功政策里都应得一席之地。

人们通过迁移创造了多种多样的机遇之城，他们到达城市，帮助后来者更平顺地完成迁移后的过渡，同时改善故地的生活水平、住房、教育和机遇。

研究表明，那些出国读大学的移民者，会鼓励留在国内的人继续接受教育。那些最终迁移到民主国家的人，会促进祖国的民主发展，例如鼓励家人朋友投票。马里共和国的一项研究发现，归国的移民参与投票的可能性会大很多。而他们原来曾居住的社区，非移民的投票率也会增加。

的确，移民是目前帮助各国达成发展指标的最佳方式，也是最有效的方式。这比直接给予援助资金更合理，即便政治上的接受度更低。对于大多数发展中国家而言，它们收到的移民汇款是富裕国家给予援助的2.5倍。例如，2018年尼日利亚国外务工移民寄出的汇款总额达243亿美元，是发展援助资金的8倍，是对外投资的10多倍。救援资金会因为管理经费、工资发放、活动经费，以及采购四轮交通工具而遭到层层盘剥。虽然金融中介及转账费用也会吞掉一大笔钱，但汇款可以直接到人们手中，通过进一步投资改善人们的生活水平。根据联合国教科文组织的测算，如果减少这些费用，每年私人教育经费会增加 10 亿美元。

然而，发达国家如果想通过更为人道的方式阻止移民进入，那就需要解决问题的根本原因。为了这一目的，欧盟成立了多达数十亿欧元的非洲救援基金。然而，一些研究发现，贫穷国家的救援和经济发展都无法减少移民，有的时候甚至起到反作用。移民与发展是齐头并进的。随着贫困国家经济不断发展，出国移民率也会不断提高。这很大程度上是因为移民到富裕国家涉及大额开销，不管是通过人口走私，还是购买机票前往，还是通过高等教育走出国门，成本都很高。最贫穷群体无法承担这笔费用，但有些人会将其视作对未来的投资。当各国变得更加富裕，能负担这项投资的人也会越多，直到人均年收入突破 10 000 美元大关，到那时，人们转移到富裕国家的相对收入只有小幅增长，这会让移民的成本和所费周折不再具有吸引力。目前，撒哈拉以南非洲地区的收入只有 10 000 美元的 1/3。

我们并非主张要完全废止发展援助。援助对于改善贫穷国家的医疗和教育至关重要。这是发达国家的义务，因为在历史上，发达国家由于殖民统治、资源开发等各种政策，让落后国家陷入穷困的境地。然而，增加援助以减少移民，就好比通过印刷更多教科书来阻止人们去学校读书，在根源上就是错误的。一项研究测算，要阻止一个伊拉克国民移民到欧盟，需要 180 万美元的援助。如果要阻止官方渠道的移民，成本可能更高，每人要花 400 万美元到 700 万美元。

同样，如果我们纯粹从经济角度看待全球生产力，劳动力是人类最重要的商品。给予尼日利亚直接的经济援助，而不是让国民到其他地方工作，就好比试图在沙漠地区耕作，或是在南极洲制造汽车。同理，要将稳定成熟的体制、和平繁荣的状态及良好的治理，从荷兰或加拿大转移到苏丹或也门，更是难上加难，并且效率不高，不如直接将劳工及他们的家人重新安置到生产力更高的国家。移民不仅是大势所趋，而且应该得到鼓励。我们生活在地球上这有限的几十年，应当能自如地迁移到发展机遇更多的地区，而不是单纯受困于随机的出生地。

很显然，如今人类的国界远未如此这般灵活可变。那么，我们应该如何建立一个管理良好的全球迁移体系？如同气候变化，大规模移民需要全球范围的管理。人类活动日益全球化，我们面临的议题都是全球性问题，因此人类需要一批拥有威慑力和执行力的新时代合作组织。近 10 年来，我们已经目睹了国际组织权力不到位所带来的后果，我们无法有效执行温室气体减排的目标，也无法及时为发展中国家接种新冠疫苗。这促使我们在国际问题上加强合作。

理想状态下，所有移民应该先找到合适的工作机会再搬离，但事实上，很多人迫于极端事件紧急撤离。解决这个问题的一个方法，便是建立一个拥有实权的联合国移民组织，促使各国政府接收难民（虽然各国政府被要求这样做，但事实上往往做不到）。这个机构还能达成一项合理的计划，重新安置那些因为气候变化，境遇越发艰难的人们，防止他们陷入绝望的危机；这个机构还能管理短期及长期的搬迁策略、薪酬策略、筹资策略及潜在的回报策略。这个机构的建立会有政府间合作的背景，由各国公务人员组成，辅以专家顾问团（包括社会科学家、城市规划者、气候变化模型专家），其资金来源是各国通过国际税收体系缴纳的税款。

另一种思路便是让各国同意移民配额，如果因接收新移民而产生初步的、短期的经济社会成本，便可以获得事先商定好的资金和贷款，也包括对大城市的投资。有些资金可能来自移民来源国。欧盟数年来一直致力于推动配额体系的建立，来支持难民及寻求庇护者，但却遭到了成员国波兰及匈牙利的阻拦。（讽刺的是，从移民的角度来看，它们是最不受欢迎的国家。）因此，欧盟的庇护程序支离破碎，无法向移民敞开大门，鼓励他们对经济社会做出有益的贡献，相反这些移民仅仅因为在边境处洗漱，就被一些欧洲南部的国家视作经济社会的负担。他们毫无着落地活着，无法在社会关系完善的地方好好工作生活，而是数年被关押在条件恶劣的难民营里。当地人对他们嗤之以鼻，本应该好好活着的人们却失去了生命。

每个人除了出生时获得的公民身份外，还应该获得联合国公民身份。对有些人而言，尤其是出生在难民营，缺少身份证件的人，或者是小岛屿国家的公民，本世纪后半叶，他们的国家将不复存在，联合国公民身份是他们获得国际认可及国际援助的唯一方式。护照的签发也将以此为基础，无国籍人士将获得"南森护照"，这种护照以挪威社会活动家及极地探险家弗里乔夫·南森命名，他是首位国际难民事务高级专员。这种国际公认的难民旅行证件在"一战"后开始签发，1922 年到 1938 年的发行量为 50 万张，大多数给了亚美尼亚和俄罗斯难民。匈牙利裔知名摄影师罗伯特·卡帕就是南森护照的持有者。

虽然可以续期，南森护照的有效期最多为一年。护照持有者可以前往他国寻找工作，因此可以缓解人口大量聚集地区的压力，让难民平均地分布到当时"国联"的各成员国，各国也可以追踪出入国境的流离失所者。对于难民而言，在得到新的公民身份前，他们可以获得新形式的国际保护，其权威性高于庇护国。南森护照方案有诸多优点，尤其在当前背景下，难民与其他移民被困于一地，无法安全地穿越边境，寻找工作。这个方案的重点是让人们具备随处迁移的能力，这样移民便可以自由地转移到能够工作的地方。这对于保证移民安全及进行正向管理至关重要，此外各国可以获得数据，来管理不断变化的人口结构需求。这也是南森护照方案可以解决的问题之一。

配额体系中，人们会在自己原来的国家申请移民，然后获得按地点划分、前往安全地区的签证。拥有稀缺技能或大额财富的移民自然对目的地的选择面更广，但配额体系能保证所有有需要的人都在安全地带定居。配额体系中还会有临时签证、工作签证以及移民抽签，进一步助力移民分配。很多国家，包括美国、英国、加拿大已经在采用某种形式的移民抽签。

考虑到移民的规模及其发生的速度，移民者需要参与到城市建设及城市扩建中。获得签证必须满足的要求便是，签证持有者每周要完成数小时的社区劳动，持续 2 到 5 年。根据年龄、技能、能力的不同，分配到的社区服务可能包括建造、护理、垃圾处理、野生动物保护，以及其他必要的工作。移民者可以获得培训和薪水，甚至选择拥有他们自己建造的住宅和商业用地。这可以帮助新移民更好地完成文化社会层面的过渡，建设一个进步文明的社会，尤其是当地人也参与其中时。

要缔结任何具有约束力的全球协议都是极其不易的，我们不应该再继续等下去。我们要推进双边及地区性协议，尤其是早就有文化历史渊源的地区。例如，太平洋国家已经和澳大利亚及新西兰签订协议。其他地区也已就互惠劳动权、技术及职业资格认证，及往来自由签订协议。这其中的最佳模型便是出入自由的欧盟，其成员国之间贸易及劳工可以自由流通。如果西班牙南部爆发了难以忍受的热浪，人们便可以北迁至影响较小的国家。非洲也将建设类似的自由流通的体系作为《2063 年议程》的一部分，其中还包括了非盟护照及自由贸易协定。这份自贸协定有 44 个到 45 个国家签署（除了厄立特里亚），现在已经处于成熟阶段。自由流通协定进展得会更慢点，35 个国家已经签署这项协议，虽然有些国家已经开始提供落地签。分析人士预计，自由贸易和迁移革命能够改变欧洲各国的经济，让占据社会主体的年轻人口找到就业机会。由于欧盟各种资源能够自由流通，失业率将会减少 6%。

时间到了 2032 年，阿杰·帕特尔正在申请移民。他原本是印度古吉拉特邦农村地区的稻农，当洪涝灾害和上升的海平面加重土壤盐碱化，无法继续农业生产后，他们举家先迁往艾哈迈达巴德，然后又搬到孟买。他和妻子共有 3 个十来岁的孩子，一起住在贫民窟中，做着街头小贩的生意。贫民窟中经常下暴雨，因此会定期暴发洪水，频繁的热浪让那里的环境更加致命。2020 年，贫民窟地区的温度比其他地方高出 6℃。如今，高温碰上雨后潮湿的天气会滋生致命风险。阿杰向孟买的联合国移民署提出举家迁移的申请，其中说明了家庭成员的细节信息，包括每个人都有什么技能。他列出了三个移民备选城市，曼彻斯特（有远方亲戚在那里）、格拉斯哥（有朋友在那里），以及渥太华（他们在那里找到了能够负担学费，适合大儿子就读的学校）。除了拥有印度公民身份外，他们获得了联合国护照，可以进入任何国家，也可以在很多国家工作及生活，虽然不一定能得到社保，因为获得社保需要等待分配。

几个月之后，他们得到了移民至阿伯丁的名额。他们可以接受这个名额，也可以申请重新分配，甚至直接拒绝。但他们最终决定接受。获得签证的条件是：阿杰夫妇需要在政府指定的行业工作至少两年，其中包括接受初步的培训。这些工作对任何联合国护照持有者都是开放的，但是更偏向于移民签证的持有者。家中的孩子必须接受教育或其他培训。前两年他们在当地留居的时间至少为 20 个月。作为交换，他们全家人可以被送往阿伯丁，并获得住房、医疗、语言课程及其他援助。两年后，他们可以选择任何形式的工作。阿杰想要做零售，开一家属于自己的店。5 年后，他们可以申请公民身份，享有和当地人一样的权利。那些拥有联合国护照的人，也可以在阿伯丁工作生活。但是除非申请成功，否则他们无法享有优先工作分配，也无法获得免费的公共服务。移民配额体制下，各个城市需要出于同情与关怀，接收并支持无法工作的难民。

阿杰找到了一份建筑节能改造的工作。他的妻子则做起了社工助理。他们都有机会学习免费的语言课程。几年后，阿杰便开始培训新来的移民，他的妻子报名参与了社工的半脱产课程。阿杰希望能和同事一起开一个专门供应隔热材料的店铺。他们的孩子已经在当地的学校就读。

这只是假设场景之一，其中的规则和限制能够帮助移民者远离贫穷和危险，开启自己的新生活，同时为新社会做出贡献，此外，他们也有一段适应期，来赢得当地族群的信任。受气候变化影响的城市也能够将资金集中用于一小部分人，通过空调设备及防洪防暴雨住宅，来改善原本无法居住的环境。数十年后，我们面临的气候条件已经无法让孟买这样的城市为 2 000 多万人口提供安全的住处以及粮食保障。他们当中很多人需要迁移。这个场景下，接收移民的城市能够让越来越多的迁移人口融入新环境中，同时满足未来几十年的劳动力需求，来完成大规模适应气候变化的改造，以及社会基础设施的改善。

除了这个模型外，我们有很多其他的选择。如果我们在未来几十年要管理大规模人口的迁移，就必须未雨绸缪，一方面适应越发炎热、越发恶劣的环境，另一方面让人类在应对这一挑战时依然保有尊严。

第六章

新世界主义者

人们正在迁移，不管准备好了与否，我们能做的、应该做的就是拿出应对方案。

我们无法以人性化的方式阻止那些穷途末路的移民前往美国、欧洲、澳大利亚。如果你住在北欧、加拿大，以及其他气候上"得天独厚"的宜居地区，就无法用城墙和枪支将移民驱逐出去。移民数量会有很多，并且会一直涌入，因为他们别无选择。问题在于，他们是否会得到救助，其他国家是否会坐视不理，任其自生自灭。

如果你觉得这有些骇人听闻，是因为主流的移民叙事都是关于来自异国的暴民以不可阻挡之势涌入从而带来威胁，而不是人类持续迁移的机遇、实际考量及客观事实。我们需要改变这种叙事，意识到大家都可以参与到移民的故事中，我们为了工作机会迁移，为了获得乐趣迁移，为了孩子的发展机遇迁移，如果时运不济就要为了躲避危险迁移。不管是否做好准备，人们正在迁移。

2021 年 11 月，一艘满载乘客的小舢板从法国驶向英格兰，在穿越危险的英吉利海峡时不幸沉没。有 27 人在冰冷的海水中死去，其中包括 3 个孩子。面对这场本可避免的悲剧，有些人是幸灾乐祸的。抗议的渔民将救生站团团围住，阻止救援人员营救另一艘出事的渔船。英国政府此前几乎关闭了所有寻求庇护的路线，并提及计划派军队将这些载有移民的小舢板遣送回法国。网上关于难民丧生的新闻下都是充满仇恨的评论，当评论功能关闭，有人会在其他社交媒体上转载这些新闻，并附上大笑的表情包。

记者埃德·麦康奈尔决定进一步采访那些恶意回复的人们，探究他们这么做的原因。麦康奈尔听到了各种愤怒的表述，其中有人说移民者是"强奸犯、杀人凶手、恐怖主义分子"。有人说移民者"正在掠夺我们的国家""抢走我们的工作""透支国家医疗服务"。有人否认，甚至完全不知道，任意选择前往任何国家是寻求庇护者的合法权利。

几十年的反移民言论和错误信息，意味着发达国家对于移民的基本事实有极大的误解。根据调查，意大利人认为移民占总人口的平均比例为 26%，但事实上这个数字只有 10%。如果声名显赫的政客一直重复与移民相关、带有种族主义色彩及存有偏见的言论，那么公众对此也会深信不疑。这其中包括移民者是罪犯，移民者有暴力倾向而且极其危险。西方国家的调查显示，人们普遍相信移民者的经济条件更差，受教育程度更低，失业可能性更高，依靠社会救济生存，通常为穆斯林男性，但事实并未如此夸张。事实上，全球一半的移民是基督徒。尽管基督徒只占全球人口的大约 30%，但是出生在别国，后来才来美国及欧盟生活的人中，分别有 75% 和 56% 是基督徒。全球范围内的穆斯林移民只有 27%，并且通常迁移至沙特阿拉伯或俄罗斯。

有人认为移民迁移至发达国家只是为了索取社会福利，这种观点站不住脚。大多数移民迁移是为了找工作，他们往往会去有工作机会的地方，而不是社会福利最丰厚的地方。值得注意的是，约 30% 的移民者只是在发展中国家辗转，那里几乎不提供社会福利保障，因此他们也只是跟随就业机会迁移。而那些前往发达国家的移民者索取社会福利的可能性小于当地人，因为那些人往往更年轻、更健康，有更强的动机留下来工作，并且会在领取社会福利的年龄前回到原来的国家。很多发达国家的移民管控意味着移民者无法申请社会福利，因此非法移民虽然都会纳税，但是因为怕被发现，都没有申领社会福利。20 世纪 90 年代，美国用人单位代表移民缴纳的社保，最后移民没有申领的钱让国库增加了至少 200 亿美元。同时，特朗普 2020 年对工作签证的限制让美国经济损失 1 000 亿美元。根据 OECD 的测算，移民缴纳的税收至少与他们领到的社会福利持平。的确，英国预算责任办公室统计，如果英国接收移民的数量上升至目前的两倍，便可大幅削减国家债务。

人们关于犯罪和暴力的恐惧也是没有根据的。研究显示，犯罪上升与移民模式并没有直接关系。除了个别案例中，英国出现一批无法工作的寻求庇护者，这时轻罪数量会略微增加。相反，移民至美国的人犯罪概率远远小于出生在美国的人。其中一项研究表明，20 世纪 90 年代移民数量的上升促使整体犯罪率减少。

如今，从欧洲到亚洲到美国，人们对移民抱有强烈的敌意。过去 10 年，即使对进步民主国家的自由派政府而言，承诺减少移民和巩固边境也是赢得选票的法宝。同时，民粹主义和民族主义领导人，在处理国外劳工及难民的问题上变得愈加严苛。从美国大规模监禁墨西哥人，到英国脱欧的不友好环境，再到 2021 年冬季白俄罗斯将中东难民作为武器，难民议题已经被包装成公共威胁，甚至是一场危机。这导致了反移民运动，助长了极右派政党的势头。

而当这一切发生时，想要进入欧洲寻求庇护的人数实际上在减少（即使将大量叙利亚难民包括在内，欧洲在 2011 年到 2015 年 5 年间的寻求庇护者人数也要比 1995 年到 1999 年之间少）。每年欧盟寻求庇护者人数都在波动，但是欧盟收到的庇护申请数达数十万份。欧盟总人口多达 4.45 亿人，因此说欧盟遭到难民围攻是不确切的。2022 年，欧盟在家门口遭遇一场危机，俄乌冲突爆发后，几百万人从乌克兰逃至邻国，而离乌克兰最近的国家却都是极力反对移民的。有趣的是，这些原本充满敌意的国家，诸如波兰和匈牙利，都慷慨大方地欢迎乌克兰的难民，虽然涉及的难民人数的数量级高于这些国家几年前"移民危机"的难民数。

一项针对 20 个欧洲国家的研究表明，一国的移民比例和他们对移民的积极态度存在强关联。研究者发现："如果一国移民比例可以忽略不计，那么人们对移民往往充满敌意。而当一国移民占比较高，人们对移民则十分包容。"

研究显示，移民危机产生的原因往往是和移民不相干的因素，例如制度信任、社交脱节、政治方面的不满。研究者发现，如果一国的制度信任和社会包容度较低，就会对移民怀有深深的恐惧。极右群体和民粹主义群体经常将反移民言论和传统的左翼经济社会政策联系到一起，例如工作岗位的保留和对福利国家的支持。他们会灌输这样的理念，是移民造成了如今工薪阶层面临的社会问题。研究者得出这样的结论：反移民态度和移民几乎没有关系。

然而，反移民态度普遍存在于社会各处，并会影响政策。现在各国接收到的庇护申请只有数万份，而反移民态度已经构成严重的问题。未来几十年，庇护申请至少将达到数十万份。俄罗斯入侵乌克兰后，仅仅 3 周，难民数就达到 1 000 万人。可以预见到，人们将对大规模移民产生顾虑，尤其是人口较少、同质化较高的地区。这种顾虑是一个重大问题，不管是对移民自身，还是对移民接收地而言，如果要安全顺利地度过这场大规模气候移民，就必须消除人们的顾虑。

如果处理得当，大规模移民会成为生活的一部分，那时人们已经忘却社会成员高度同质化的时代，"大熔炉"社会也将变得稀松平常。相比他们的祖父辈，更年轻的城市居民对于形形色色的不同族群有更高的适应力。这从某种程度上反映了人口结构的变化。美国战后"婴儿潮"一代只有18%属于非白人族群，而出生于1997年到2012年的Z世代，大约一半属于非洲裔、拉丁裔和亚裔。年轻的一代不太可能带有种族偏见看待国别身份。美国40岁以下居民中，只有不到一半的人认为，一个人的国别身份十分重要，只有20%的人认为出生地对国别身份有重要意义。

21世纪一切都将改变。未来几十年的环境变化会带来社会政治的不稳定，随之而来的是粮食保障出现问题，以及其他重大挑战。因此，当我们展望未来，采用的基准线不应该是如今的生活，而是未来因适应气候变化、基础设施出现变化的城市——气温上升，山洪暴发，暴风雨更为猛烈，粮食供应不足。劳动力萎缩，但养老保障缺失。社会大环境充斥着对于冲突、恐怖主义、饥荒的恐惧。手机电脑屏幕上推送着关于落后地区死伤人数的报道。当然，我们也可以选择减少痛苦，让更多的外来居民和我们一起住在人口密度更高的城市。

后一种选择似乎对大家更好。但这并不意味着这个方案没有任何困扰。特别是有些人对当地文化及同类族群认同感很强，有些人担忧，当大量亚裔、非洲裔、拉丁裔迁入，将小镇扩张为城市，会造成文化流失。原本属于他们的繁荣小镇沦为大量落后地区贫困人口的收容所。毕竟，大规模迁移涉及巨大的变化，自然而然，人们会因此感到不适或焦虑。处理好过渡阶段是成功的关键，也意味着冲突产生前就解决人们关切的问题。

那么，下面让我们详细拆解一下人们对移民的恐惧。

恐惧的产生有若干明显的导火索：移民会给接收地带来压力，让当地的住房、学校、医疗等资源变得十分紧张。要避免这个问题，我们可以进行精细的规划，获得充分的政府投资，处理人口规模扩大带来的成本问题，并为更多人提供服务。考虑到目前很多国家并没有为自己的公民提供上述解决方案，矛盾必然不断加剧，除非这些问题得到解决。例如美国的社会服务支出只占预算的15%，不到欧盟的一半。世界各国都应该提高社会服务支出，美国尤其如此，因为美国这方面的支出少得可怜，还不够覆盖全民医保的花费。

社会层面的改变绝非易事。虽然多样性会带动创新，提高生产力，但也需要加大智识发展领域的投入，还涉及其他方面的成本。当所有人用和你一样的方式思考和处事，随波逐流便会易如反掌。理解其他观点，用全新视角思考不同的问题，意味着劳心劳力，即使你能从中获益匪浅。因此我们需要在移民接收地和移民群体内部投入更多时间和金钱，帮助他们顺利完成过渡阶段。其中有益的措施包括广泛开设免费语言课程，以及建设针对新来移民的培训及支持体系。

如果大量移民来自治理不当、业已衰败的国家，便会引发广大民众对犯罪率上升和恐怖主义势力抬头的担忧。人们担心种族间的纷争，会随着移民的到来蔓延至目的国。更为严格的移民政策和护照政策是恐怖主义事件常见的应对之策。事实恰恰相反，一项针对145个国家的研究追踪了长达30年的数据，研究发现，移民不仅不会加剧恐怖主义，反而会减少恐怖主义。科研人员称，这背后的主要原因是移民会促进经济增长。一些欧洲国家的移民人口比当地人更有可能出现轻微犯罪行为，但这类人一般是年轻男性。如果对同一地区的人口结构进行比较，移民的犯罪概率并不比当地人高。能够顺利定居就业的移民不可能沦为极端主义或恐怖主义者。当地人对于移民的恐惧如果无法根除，反而会滋生内部的恐怖主义，比如白人至上主义。

有些人担心大量深色皮肤的移民涌入，会真正意义上改变自己国家的"面貌"，尤其是欧洲及北亚的部分地区，那里人口相对较少，并且高度同质化。这种现象确实会发生，并且此前已经出现过。纵观人类进化史，欧洲的白色人种是距今不久才出现的。最早定居在美洲、欧洲的人类都是深色皮肤，直到大约 5 000 年前，欧亚草原上的白色人种对欧洲实行殖民统治，后来到了 16 世纪，这些人的后裔在美洲也开始殖民统治。自此出现的人口扩张意味着，到 1900 年，以白种人为主体的欧洲人口占世界总人口的 25%，是非洲人口的 3 倍。然而到 2050 年，欧洲占全球人口的比例预计为 7%，只有非洲黑种人的约 30%。我们已经讨论过这种人口结构的转变。欧洲的儿童数量已经少于非洲。世界各地的城市比原来更多元，例如伦敦有 40% 的人口是深色皮肤。美国的主体民众到 2040 年肤色会加深。这个现象在很多城市和郡县已经出现。多项研究表明，如果住在多元化城市，人们更容易接受不同肤色的移民。但是，如果住在白种人居多的地区，遇到的深色皮肤的居民更少时，人们会对移民存有敌意。

由于人们担心这样的人口结构变化，反移民情绪不断上升，这不仅体现在刻意为之的偏见性政策，还体现在社会中潜在的无意识的偏见。你个人可能并不会对外国人或深色皮肤居民抱有偏见，但是你认识的人可能存在这种偏见，你生活的社会可能存在偏向白种人的制度及架构。这样的偏见贻害无穷，我们需要挑战这样的偏见。值得一提的是，当前寻求庇护的难民是欧洲白种人，他们的外形衣着和当地人别无二致，因此，欧盟也史无前例地推出极为慷慨的庇护政策。

人们对肤色较深的人抱有偏见或存有恐惧，这是真实存在的现象，不容忽视。如果大批人要顺利从赤道向北迁移，我们必须有计划、有步骤地解决这一问题。当俄乌冲突时，在乌克兰学习及生活的非洲和亚洲难民，在边境逃离的过程中发现自己遭到了区别对待。虽然欧盟领导人曾明确声明，所有从乌克兰逃离的难民，不管来自哪个国家，都可以得到庇护，但是深色皮肤的难民即使在离开乌克兰时，也会历经艰辛，面临重重困难，更不用说在新的国家留下。

如今，很多反移民言论之所以能起作用，都是利用了人们（主要是年长者）害怕被其他种族的移民完全替代的心理。但过去的历史表明，这一点从生物学角度而言完全是无稽之谈。如果你是白皮肤，蓝眼睛，发色偏浅，那么在全球范围内，你就是少数族群，但是这种外貌特征不会消失。这些特征还是会通过遗传保留，只是你的子女和孙辈肤色会更深。这个转变过程中，我们最应该关注的是通过膳食补充，保证人们摄取足够的维生素 D。

我们需要知道，偏见是基于恐惧的一种防御性反馈。全球化给进进出出的移民提供了机遇，也培养了小部分的世界主义精英，他们凭借着护照、财务特权和所受教育，顺利迁移，并从中获益。全球化的迁移浪潮中，定居生活的人们在艰难地维持生计，面对全人类的迁移大潮，他们产生了无力感。西方国家一直对贤能制 深信不疑，这意味如果有人能易如反掌地在不同城市间迁移，即使是境遇使然，他们也会觉得自己是通过努力赢得了这种特权，这其中包括开明的自由政治，以及对移民包容接受的态度。而那些工作生活都停滞不前的人，被认为不配得到这些特权，人们认为他们懒惰散漫，行为及思想都十分落后。这本身便是一种需要被改写的偏见。

同样，当人们苦苦挣扎，失去工作，就更容易将原因归结于移民，而非深层的结构不平等或是他们自身的问题。积极的信念会促使人们将种族主义合理化，如果移民子女在避难的过程中死去，那么最应该对此负责的是陪伴他们的无助的父母，而不是那些眼睁睁看着他们死去而坐视不管的发达国家。移民并不是问题，真正的问题是设计欠妥的政策。若要处理这种因恐惧滋生的偏见，我们需要缓解那些当地"留守者"的愤怒和失望，他们遭遇降薪，住在失业率较高的地区。这意味着我们需要制定社会政策，为其提供资金支持，帮助人们有尊严地活着，并减少不平等现象。这也意味着我们需要有效地使用税收制度，将其作为再分配工具。例如，提高所得税率的上限，不仅可以减少税后的不公平现象，也可以减少税前的不公平现象，因为这会抑制高收入，当所得税率很高，高收入便会失去它原本的意义。显著的不平等现象并非科技进步或资本主义（或其他经济体制）不可避免的产物，而是社会政策的失灵，包括无法对富人征税或是制止他们避税。我们需要灵活巧妙的政策来专治偏见，并在快速的大规模移民过程中促进包容。

包容是解决一切问题的关键。到底是应该将移民和自己的同胞安置在同一片区，而那里可能会沦为贫民聚居区，当地人可能出逃（也被称为"白人群飞"），还是效仿新加坡的做法，让80%的人口住在公租房，并用严格的配额保障每栋楼的种族构成？根据全球范围的研究，最后的解决之策可能是两者兼而有之。防止种族隔离的方法就是为低收入居民建造公租房，保证他们能分布在城市各处，这样就没有绝对的"富人区"或"当地人聚居地"。同时，我们也要意识到移民可以通过一定程度的社会集群，从而获得关系网带来的好处，因此让来自同一个国家的移民前往相同的城市可以大大增加经济和社会福祉。新来的移民需要支持才能融入社会，移民共融计划有助于这一问题的解决。意大利贝加莫为寻求庇护的难民创办了一所共融学院，这里相当于长达一年的集训营，难民可以学习语言课程，获得当地工厂和企业的实习机会，并得到免费的社区服务。这个学院也因其严格的政策而遭到诟病，比如需要穿统一的制服，潜移默化地暗示难民需要对庇护表达感激之情（获得庇护是国际人权）。但是这个学院会帮助难民在新的国家获得就业机会，同时让原本反移民情绪激烈的民众和政府相信，移民对社会而言存在实际的作用和价值，已经超越了人道主义议题。

　　大规模移民带来的另一种担忧，就是可能发生潜在的巨变，这种激进的变化突破了当地人的舒适圈。例如，反移民活动家常常指出，伊斯兰政府理论上可以通过民选产生。然而，人口结构的多样性越高，政府持极端主义立场的可能性就越小。为了避免原教旨主义统治和倒行逆施的统治，我们有若干政策手段。例如，在移民者定居数年后赋予他们投票权，这样移民者和移民接收地都有时间适应各自的文化。移民的子女（第二代移民）被新的社会接纳，因而会比他们的父辈在政治、性观念、宗教方面更加包容自由。如果社会对第二代和第三代移民的态度是异化和排斥，那么他们面对极端主义意识形态时便会毫无招架之力。

一切都会改变。21 世纪 20 年代的英格兰并不是 20 世纪 50 年代的英格兰，也不是 21 世纪 70 年代的英格兰。19 世纪的美国不是 20 世纪的美国，也不是 21 世纪的美国。各地经历变迁，移民在其中起到重要作用。文化扩张和文化变迁的对立面并非静止不变，而是社会倒退，甚至在一些极端情况下，会导致种族灭亡，正如因纽特人的例子。

大规模移民会带来种种变更，但这未必是灾难性的巨变，事实上可能会带来正向的变化。迁移到新的国家，并且从另一种文化的视角审视那里的社会，可以触发人们的创造力。音乐、美食、人们所说的语言，通过移民得到广泛传播。这种多样性会让国家变得更为丰富，让城市变得更为包容有趣。但随之而来的还有可能是文化的流失，各国的风俗传统会因创新迭代而遭到淘汰。现在英国最受欢迎的食物是意式肉酱面和香料烤鸡咖喱，而一度在伦敦很受欢迎的本土美食鳗鱼冻，则失去了人们的青睐。我的祖母生于 1922 年，尽管后来移民到英国，她也一直保留着极其清淡的口味，只吃儿时中欧吃得到的食物。我的祖父则大量品尝各国不同的美食。有些人面对更为丰富的多样性，会跃跃欲试，而有些人则希望，一旦产生思乡的愁绪，熟悉的文化会以某种形式一直存在。这种转变并非一种文化突然变成另一种文化，而是不同传统和理念相互交融，彼此丰富的文化融合。

大规模移民是可以实现的。我在撰写本书时，尚不能判断欧盟是否能顺利接收从乌克兰沦为废墟的各个城市涌入的数百万移民。然而过去 30 年，有 4 亿中国人迁移到城市。高楼大厦和基建项目是这场大规模移民的必备条件，同时也让中国各地改头换面。如今中国的城市化率为 60%。中国完成了这场史无前例的城市化迁移，但却没有突然出现大面积的贫民窟，这个问题是其他国家城市化的弊病。中国之所以能做到这一点，是主要依靠将移民引导至中小城市，那里虽然人口密集，但贫民窟很少。其他的原因还包括中国实施户口制度，会详细记录人们迁移后的户籍所在地。中央政府将公共服务和诸多管理职能的权力下放给地方政府。地方政府因此获得所需的自主权来决定迁移人口的定居地及定居方式，有效处理迅速发生的人口结构转变，并保持较低的失业率。中国对于城市开发用地非常克制，城市面积只占全国总面积的 4.4%。中国的案例表明迅速建造供移民居住的城市是可以实现的。这样的魄力雄心，正是北半球各国应对这场全球大迁移必须具备的。这些经历说明，如有必要，我们具备迅速适应及快速建造房屋的能力。2020 年疫情期间，伦敦仅用 9 天时间将空置的住房改造成可容纳 4 000 人的医院。中国武汉仅在 10 天内从无到有建造了容纳 1 000 个床位的方舱医院。

战后的体制建设是围绕国际化格局的需求进行的。如今我们身处一个国际化世界。换言之，现代世界是围绕国际主义的理念建设的。其本质是由发达的西方国家组成，彼此相互支持的强势关系网。未来这个关系网必须扩张，这会带来挑战，但未必会造成灾难性后果。我们可以让新世界成为人类和自然繁荣发展的福地。当我们意识到人类面临的挑战——全球气温上升，人口越发密集，同时可居住土地有限——我们便有机会进行深度反思，为何人类历史的发展将我们带入这般境地，一个人的生存机遇几乎完全取决于出生地的地理位置及政治环境。

即将到来的全球大迁移，让我们有机会颠覆这样的不平等，具体的做法便是认可并维护所有移民作为全球公民所拥有的权利。同时，我们也有机会正视，人类的共通之处远远大于彼此的差异。如果这看起来不切实际，甚至完全与现实背离，那就想一想 2020 年全球疫情背景下，人类主动承担，并在短短数周时间内完成的巨大社会工程。大多数这样的合作是在没有冲突及威权统治的情况下进行的。想一想各国通过合作进行药物及疫苗的研发，分享科学数据和医疗干预措施。想一想全球各地的人们连同阿斯利康这样的大型制药公司，以及盖茨基金会这样的非政府组织，致力于让最贫穷群体获得疫苗，而不是让某一家公司或者发达国家以专利的名义将其据为己有。这一过程肯定会有阻力，也会有严重的不公平现象，然而距离病毒被首次发现后两年之内，全球一半以上的最贫穷人口接种疫苗 10 亿剂次。

我们过去能够做到，以后也能再次做到。人类能通过大规模合作拯救生命。历史表明，迁移始于合作，也能促成合作。

让国家改头换面

请大家记住，在人类进化历程中，合作比冲突更加意义重大。人类最擅长合作，但矛盾的是，恰恰是合作让我们陷入了种族主义和部落主义的怪圈。任何一种国家安全威胁都无法与全球气候变化带来的威胁同日而语，气候变化会造成包括大规模迁移的社会动荡，其严重性不亚于其他的安全威胁。热浪的致死人数已经超出战争的死亡人数。

人类的合作力从未像现在这般不可或缺，也从未像现在这样面临重重考验。我们面临的危机规模之大，需要新型的全球合作，其中包括新型国际公民身份和新型的迁移管理，以及涵盖整个生物圈的国际组织。这个新型组织的经费来源是各国的税收，各国都受其管辖。政治理论家戴维·赫尔德提出，随着全球化发展，我们已经超越国界，生活在彼此重合的命运共同体中。我们可以在此基础上建立一个全球化的世界主义民主政体。目前，联合国对各国并无行政管辖权，如果我们要降低全球温度，减少大气二氧化碳含量，恢复生物多样性，就需要全球范围内强制性的限制措施和管理措施。我们还需要拥有可执行权力的全球治理。

为了支撑全球治理，我们也需要强大的国家支持。个人及社会所具有的欲望和需求，确实会带来矛盾冲突。哪怕我们的社会是联系紧密的小团体，这种矛盾冲突都很难调和，更不用说当涉及全球人口时。当你在几千公里之外的城市做出事关生死的重大决定时，很难顾及一个不知姓名且素未谋面的陌生人，更何况他身处一个你从未去过的国家。的确，即使是仅隔一条街的陌生人，我们也很难平衡他们的需求。成功的国家能够通过体制和结构的管理，保证陌生人之间的有效合作，从而让所有人都能在一个强韧的社会中彼此合作。我们和社会其他成员间并没有如此紧密的联系，因而同他们合作从基因的角度说不通。但是我们却能和家人一样和同个团体的成员合作。作为个人，我们每天都在心甘情愿地贡献自己的时间、精力和资源，来保证社会的利益。我们之所以这么做，是因为这是我们的社会、我们的家族、我们的国家。国家的诞生是促使我们合作的有力工具。正如政治理论家戴维·米勒所说："国家是合作的共同体。"

现在，我们需要国际主义和民族主义之间的调和。只有强大的国家能够建立帮助我们在气候变化中幸存下来的治理体制。只有强大的国家能够管理来自不同地方和不同文化大量涌入的移民。近几十年，全球化的发展会导致国际主义势头更加强劲。相比来自英国某个小镇的居民，伦敦的公民更容易和来自阿姆斯特丹和中国台湾的公民产生共鸣。这对于很多成功的城市居民并不重要，但农村居民可能会感到失落。人们需要归属感，但是随着大型产业和工会的衰落、社会空间和文化传统的流失，很多人会觉得被自己的国家遗弃了。这会滋生仇恨和恐惧，进一步导致对移民的偏见。自由主义强调个人的自主权，无法解决国家身份的流失，这也为民粹主义叙事和意识形态腾出了空间。

相反，我们必须让国家改头换面。我们需要兼收并蓄，而不是将族谱、肤色或其他会造成分裂的（无意义的）特性作为依据。我们要基于共通的社会工程、语言及文化作品，和我们的同胞寻找相同之处，并缔结亲密关系。爱国主义对人们意义重大，因而成为身份的重要来源。我们不妨从国家的空气、土地及水资源，以及捍卫这些资源的重要性开始。我们面临环境的威胁，因此征兵入伍或加入其他安保机构来对抗气候变化，能够像桥梁一般弥合意识形态的差距。为年轻公民和移民提供国家服务，助力救灾，恢复自然环境，推进农业和文化方面的工作，是另一种产生凝聚力的举措。我们需要重塑或缔造新的国家传统，为环境和文化带来益处，公民也会为此感到骄傲，并产生由衷的敬意。其中包括让人们一起唱歌、创造、运动、表演的社会团体组织，其中的成员能够终身获得归属感。这些传统可以让我们在艰难时刻维持尊严，并让移民通过爱国的内涵更好地融入社会。我们需要加强与当地人之间的联系，同时构筑更为公平的全球关系网。新型的爱国主义叙事应当是公民民族主义，其基础是公共福利、权利义务、在文化层面对自然的深度依恋、保护对国家（世界）有重大意义的地区。我们尊崇的英雄必须反映社会的世界主义特质。

例如哥斯达黎加将"pura vida"一词作为国家精神、行为准则和身份内涵，意为"好好生活"。这个词的使用始于20世纪70年代，当时邻国危地马拉、尼加拉瓜和萨尔瓦多有大批难民因暴力冲突涌入哥斯达黎加。哥斯达黎加是一个中美洲的小国，没有常备军队，而是在自然保护、环境修复及诸如医疗教育这样的社会服务等领域进行投入。哥斯达黎加使用这个表述向新来的移民介绍国家及人民的特色。纽约大学的安娜·玛丽·特雷斯特这样解释道："人们不仅使用这种表述指代共同的意识形态和身份内涵，同时也通过表达创建身份。语言是自我构建的一种重要工具。"

民族自豪感未必意味着自己的国民持有凌驾于其他国民的优越感，也不代表意义和权力的中心化。相反，这其中包含了文化传统的去中心化、对区域特性的赞赏以及对新公民带来的巨大文化价值的欣赏。欧盟便是超国家身份的典范，这个身份之所以能发挥作用，是因为欧盟公民觉得自己是欧洲人，并且认同欧盟的价值观。但他们不一定会放弃自己的民族身份，但也不会完全效忠民族纯洁性的狭隘历史定义。各国应该遵循同样的理念。例如在英国，伦敦的唐人街是众人趋之若鹜的旅游胜地。新加坡的"小印度"[1]也是如此。这些地方都是民族身份的一部分。尽管华裔和印裔在英国经常面临偏见，在社会经济方面处于劣势。

若要赢得民族自豪感而不是遭受催生分裂的部落主义之苦，一个国家需要减少不平等现象。国家必须对其人民投入心力，并且让人民感受到这种投入。这意味着自由市场资本主义的监管和限制，应该是通过社会及环境方面的监管措施普惠所有人，而不仅仅有利

1　新加坡的印度族群聚集地。

于全球范围的一小部分贵族阶层。欧盟及美国提出的"绿色新政"便是最好的例证，政策可以用于恢复经济，提供就业机会，让人获得尊严，并让人们凝心聚力地参与环境改造的大规模社会工程。

如果可以的话，请尽可能尝试从脑海中摒除这样的观点，人们必须待在出生地始终不变，这样的思维方式会影响自己生而为人的价值，会影响个人的权利，国别身份不仅仅是地图上随意画出的一条线。

当我们舒适地坐在安全的住所，数百万名移民也正在绝望地寻找相同的东西：获得就业机会，为新社群做贡献，为了家人有尊严地活着。他们当中很多人是受过教育的专业人士，他们做梦也没想过会被迫离家。随着时间的推移，我们或许也会成为他们中的一员。总有一天，长期待在同一个地方会涉及高昂的生活成本，会带来重重困境，并且十分危险。住宅发生森林火灾后，会遭到拒保。洪水暴发后，住宅的维修成本过高。一年大多数时候，房间里都开着空调，因为到外面实在太热了。公司和商店都关张大吉，大多数住宅空空如也，这一切都是因为你原本居住的地方已经不能再住人了。接着，你便踏上了迁移至别处的旅程，为自己和家人找一个能好好活下去的地方。

第七章

避难之所——地球

不管是全凭偶然还是精心设计，迁移在下一个百年会重塑我们的世界。而后者远优于前者。为了让人类能在升温 3—4℃存活下去，我们可以制订一个激进的计划，其中包括在北半球高纬度地区建造大面积的新城，废弃大片热带地区，依靠新型农业，适应地球的变化以及迅速变化的人口结构。

我们将所有希望寄托于前所未有的合作。让政治版图与各国的地理位置"脱钩"。不过这听起来太不切实际，我们需要用全新的视角看待这个世界，根据地质、地理和生态，进行新的规划，而不是根据政治因素。换言之，我们需要确定哪里有淡水资源，哪里的温度处于安全区间，哪里有最多的太阳能和风能，然后据此进行人口、食物及能源生产的规划。

如果我们给每个人划定的生存空间是 20 平方米——这个数值是英国规划条例下人类最小生存空间的两倍多——110 亿人则需要 220 000 平方千米的居住土地。单一国家便有足够的面积容纳全球所有人口——光加拿大一国的面积就达 990 万平方千米。当然，我不是要做如此荒唐的提议。但我们借此可以反思，到底为何有些国家声称已经容不下更多人。

作为仁慈的人类保护主义者，让我们从全新的视角看待这个世界，并决定未来几十年去哪里安置人类这个颇为棘手的族群。

坏消息就是地球上没有任何地方可以完全免受气候变化影响。为了应对气候变化，所有地方都会经历某种变局，不管是通过直接的影响，还是由于加入联系紧密的全球生物物理和政治经济体系所带来的间接后果。极端事件已经开始在全球出现，并且继续冲击安全地带。有些地方能迅速适应这种变化，而有些地方则会很快丧失居住功能。到 2100 年，地球会变得完全不一样，让我们重点看一下某些宜居地区。

全球变暖会让人类的宜居气温带的地理位置往北移，人们也会随之北移。根据 2020 年的研究，人类生产的最优气候（农业及非农业的最佳产出）是 11—15℃的平均温度。几千年来，人类以及所有人类文明一直集中在这个全球宜居带，因此毫不意外，这也是粮食、牲口及其他经济活动的理想条件。研究者称，取决于人口增长及全球变暖的具体场景，"预计 10 亿—30 亿人无法继续享有这样的气候条件，过去 6 000 多年人类在这样的气候条件中很好地生活"。他们补充道："如果人类不进行迁移，预计约 30% 的全球人口体验到的平均温度的中位数会超过 29℃。目前只有 0.8% 的地球表面的温度状况是这样的，大部分集中在撒哈拉沙漠。"

人类迁移的总体原则是：从赤道、海岸线、小岛屿（面积将不断缩小）、干旱及沙漠地区搬离。由于存在火灾风险，我们还要避免热带雨林和林地。人口将朝内陆、高海拔、高纬度地区迁移。如果放眼整个地球，我们不难发现，大部分的陆地都集中在北半球，不到 30% 的陆地在南半球，大部分位于热带地区或南极洲。因此气候移民能在南半球落脚的范围十分有限。巴塔哥尼亚是主要的可选区域，尽管那里旱灾频发，但哪怕 21 世纪气温上升，那里还是能继续进行农业生产或成为人们的定居之所。然而，移民主要的机遇之地还是在北半球。这些安全地带的气温会上升，高纬度地区的升温速度要高于赤道地区，但是绝对平均气温要远低于热带地区。当然，气候的反常现象会带来极端天气，没有任何地区能免于这种越发普遍的现象。2021 年加拿大气温达到 50℃英属哥伦比亚的温度比撒哈拉沙漠还高，数月后加拿大又暴发致命的洪水和泥石流，导致数千人流离失所。烈火在西伯利亚的苔原蔓延，融化的永冻土随时都在变动，且极不稳定，但上面却建有基础设施。

令人欣慰的是，北半球地区某些经济较为发达的国家，具备强有力的体制保障和稳定的政府，在社会和科技层面有极强的适应力，这为应对 21 世纪的挑战提供了良好的条件。令人担忧的是，很多发达国家在移民问题上遇到政治方面的阻力，超越了经济远远落后的国家（经济落后国家接收的流离失所的难民数量是最多的）。这些发达国家还受到移民危机的困扰，其规模要远远小于接下来 75 年的气候大迁移。短短几年内，相较于让热带地区恢复居住功能，转变政治社会的思维模式是更为可行的做法。如今，大多数欧洲国家需要依赖数以万计的移民劳工来收割种植的粮食。北半球高纬度地区拥有更优的农业种植条件，劳动力需求只会更多。

新北纬城市

北纬 45 度以北地区将成为 21 世纪欣欣向荣的避难之所，占全球面积的 15%，无冰区的 29%，目前居住着一小部分人口（老龄人口）。这里平均气温的中位数是 13℃，是人类进行生产活动的最优气候条件。

内陆湖系，例如美国加拿大的五大湖区，将会有大批移民涌入，因为大面积水体能够让区域气候保持温和。这和之前该地区人口流出的趋势正好相反。明尼苏达州的德卢斯位于苏比利尔湖畔，这座城市的宣传定位就是美国受气候变化影响最小的城市，但是那里已经出现水平面波动的问题。湖区中西部上游的其他城市明尼阿波利斯、麦迪逊也是理想的迁移目的地。而中西部更南端的城市有可能面临极端热浪的威胁。诺特丹大学的全球适应行动研究者得出结论："2040 年最有可能面临极端高温的十大城市中，有八个城市位于中西部"，包括底特律和大溪城这样的城市。越往东的城市，极端高温的风险越高。但是纽约州的水牛城以及加拿大的多伦多和渥太华，对于沿海地区的移民而言是更安全的选择。

充足的准备和适应性措施能够让沿海城市在气候变化中存活下来。例如波士顿的位置足够靠北，因而可以避免大部分可预见的极端高温。城市规划者制定了详细的策略，其中包括抬高路面，修筑沿海防御工事，修建沼泽地调蓄洪水。纽约城面临极端气候的威胁，可能是因为这座城市非常重要，不能倒下，因此纽约进行了类似大规模的规划，然而措施的有效性目前还不得而知。比较靠北的沿海地区地势陡峭，因而能够抵御海平面上升导致的洪水暴涨。

美国的其他地区也会因为各种原因遇到气候问题。中部走廊区会遭遇更严重的龙卷风。北纬 42 度以南地区将面临热浪、森林火灾及干旱的威胁。沿海地区将出现洪水暴发、海岸侵蚀、淡水污染这样的严峻问题。佛罗里达州、加利福尼亚州、夏威夷这些如今让人们趋之若鹜的城市，将来有可能逐渐遭受"冷遇"。因为前文提到的

"铁锈带"[1]城市气候更为宜人，全球各地族群的移民会纷至沓来，为其注入新的生命力，这些城市将会迎来"第二春"。

　　进入人类世后，移民将纷纷迁至北极地区，我们需要在那里建造新城接收这些移民，阿拉斯加似乎成了美国最宜居的地方。2017年美国环保局发布了《气候适应力筛选指数》，将阿拉斯加的柯迪亚克岛列为气候事件最低风险区。根据气候模型分析，到2047年，阿拉斯加的月均温度将会达到目前佛罗里达州的水平。不管在哪里，地理位置都是至关重要的。阿拉斯加纽托克镇的居民正面临重新安置的困境，不断融化的永冻土层和日益严重的海岸侵蚀，已经将那里的部分地区淹没。冰原面积不断缩小，苔原持续融化，这些都不可逆转地改变了原住族群的生活方式，对其构成巨大的困扰。原住族群会遭受惨重损失，当地野生动物也会消失，不用说还会有其他危险，例如潜伏在冰冻苔原的病原体，不知哪一天会被释放出来。而新北纬地区大量的发展机遇能够弥补这些损失。动荡变化的21世纪，当全人类奋力修复地球的居住功能，很多来自热带地区的移民会在此构筑新的家园。新北纬地区的原住族群一直独立自治，他们到底会欢迎来自南方的移民，还是会对漫长历史中充斥着的暴力入侵怀有忌惮之心，而将其拒之门外。不管如何，人们还是会向北迁移，因而我们必须找到收容之所。

　　随着人们可以进行农业生产，北海航道有大量船只进进出出，北半球高纬度地区展现全新的风貌。仅次于南极洲的格陵兰冰原融化了，这为人们生活、农耕、采矿开辟了新的土地。如果格陵兰、俄罗斯、美国、加拿大的北极圈冰层融化，深埋于冰层之下的土地

1　铁锈带：最初指的是美国东北部—五大湖附近，传统工业衰退的地区，其中包括匹兹堡、扬斯敦、密尔沃基、代顿、克利夫兰、芝加哥等城市。——译者注

就可以用于农业生产和建造新城，这会让北极圈的城市形成彼此连通的中枢地带。

努克就是这样一个在未来几十年会快速发展的城市。作为格陵兰（丹麦的自治领）的首府，努克位于北极圈南部，受气候变化影响明显。那里的居民在交谈时会提及"过去天气寒冷的年岁"。格陵兰内陆的科学考察站发现，从1991年到2003年，那里的夏季平均温度有将近11℃的明显上升。那里的渔业发展也因此进入了繁盛期。海冰减少意味着渔船可以在海岸附近全年捕捞，同时随着海洋水温升高，更多的新品种鱼类会向北洄游至格陵兰附近水域。一些比目鱼和鳕鱼的身形会变大，因而会增加渔获量的商业价值。冰层消融后空出的土地，可以让作物有更长的生长季，有充足的灌溉水源，为农业带来了新的机遇。努克的农民正在收获新的作物品种，包括土豆、萝卜、花椰菜。海冰融化也为采矿业和近海勘探，包括石油勘探带来了新的机遇。努克在可预见的将来会获得实际的经济价值。丹麦已经建成5个水电站，可将充足的冰川融水转化为电能。据预测，到2100年，格陵兰会出现森林，那里会成为最宜居的地区之一。

同样，早在100年前就有当地知名科学家预测，加拿大、西伯利亚，以及俄罗斯、冰岛、北欧国家、苏格兰的其他地区，将会继续从全球变暖中获益。1908年，距离瑞典化学家斯万特·阿累尼乌斯声称二氧化碳将导致全球变暖，仅有10年之隔，他便这样写道："随着化石燃料的燃烧，我们将迎来气候更为稳定宜人的时代，尤其是较为寒冷的地区，到那时地球的粮食产量会比现在更为充足，这将有利于迅速繁衍的人类。"

据预测，随着冬天的严寒告一段落，北极的净初级产能，即每年植被生长量，到21世纪80年代将会几乎翻倍。这项预测将两极地区全球变暖的扩大效应考虑在内（北极地区的冬季平均温度已经超过政府间气候变化专家委员会预测的2℃增幅）。由于北大西洋暖流，北欧各国的气温已经变得相对较高，而内陆冬季温度原本最低可降至零下40℃，以后也将会缓和，这会让内陆的生存环境不至于过于严酷。

斯坦福的一项研究发现，全球变暖让瑞典的GDP增加25%。研究者发现，温室气体最大排放国的人均GDP会因为全球变暖增加10%，而排放量最小的国家GDP则会减少25%。北半球经济体需要收容来自热带地区的移民，支持这一做法的道德依据显而易见。研究者预测，由于全球升温，印度的人均GDP减少31%，尼日利亚减少29%，印度尼西亚减少27%，巴西减少25%。这4个国家的人口数占全球总人口的25%，如果全球温度上升2—4℃，这对经济的危害要严重得多。那些原本居住在非洲、拉丁美洲、南亚和东南亚的人们，需要迁移至更适合居住的北半球高纬度地区。

北欧国家气候变化脆弱指数相对较低，适应指数相对较高。作物的生长季会显著延长，尤其在目前的农耕区附近，新的动植物在环境中也能够很好地生长。研究表明，单单是北半球的林业种植就会增加约30%。白桦林以每年40—50米的速度北移，改变了所经之地的生态系统，并导致永冻土层融化。北欧国家的用电量下降幅度预计将成为欧洲之最，因为冬季气温上升会缩减供电需求。

冰岛东南部的沿海小镇霍芬位于欧洲最大冰川附近，风景秀丽，可能成为气候变化中的另一个赢家。霍芬镇倚重渔业，尤其是龙虾捕捞，也依赖旅游业，其规模和多样性都有望提升。由于沉重的陆地冰川正在融化，导致陆地抬升，目前冰岛的海平面正在下降。苏格兰亦是如此，继上一个冰川世纪结束后，面临陆地抬升的局面。

目前，冰岛东南部的沿海地区正在快速抬升。由于西北航道（由大西洋经北极群岛至太平洋的海上路线）的海冰已经融化，这一区域的商业航运将会大大增加，霍芬港会成为最大的受益者。更确切地说，北冰洋在冬季依旧会结冰，但是海冰快速融化会打通西北航道，使之在一年大部分时间可以通航，航行时间也会因此缩减 40%。这会让区域贸易、旅游业发展、渔业、航海更为便利，也会为矿业开采带来机遇。

另一个地理位置便捷的海港小镇——加拿大曼尼托巴省的丘吉尔镇，也将从气候变化中获益。这个土壤贫瘠的偏远小镇，位于寒带森林、北极苔原及哈德逊湾的交界地带，只有 1 100 个居民，几乎完全依赖北极熊观光业。丘吉尔镇被视作无人问津的地块，因而美国货运公司 OmniTrax 仅用 7 美元便向加拿大政府购得丘吉尔港。然而，这座开发时间不久的城市，通过移民项目在全球范围内招募人才并引进企业落户，让位于哈德逊湾的丘吉尔港（加拿大北部唯一的商业深水港）重新焕发生命力，并借此振兴了国际贸易的发展。丘吉尔港也因此成为货轮从上海出发，途经西北航道的重要停靠点和卸货点。经由修缮过后的铁路，从丘吉尔镇可一路抵达温尼伯，以及加拿大和美国的其他地区，距努勒维特有 100 多公里。努勒维特是加拿大最年轻的原住民省份，是一个不断发展的因纽特人自治特区。这里的旅游业在全球首屈一指，水资源充足，冬季较为温暖。

丘吉尔镇未来有可能一跃成为繁荣发展的新兴城市。加拿大的确会成为移民涌入的主要目的地。加拿大政府也发现了其中蕴藏的机遇，计划到 2100 年将人口数翻 3 倍。加拿大目前每年新增人口为 40 万人，其目标是将人口从 3 700 万人增至 1 亿人。2021 年 12 月，加拿大移民部长肖恩·弗雷泽称："加拿大是建立在移民之上的国家。我们将继续以安全的方式接收移民，使其为加拿大的繁荣发展助一臂之力。我非常期待看到即将移民至此的 40 余万名新居民，在全国各地做出卓越的贡献。"

加拿大近期的大多数移民都来自深受气候变化影响的亚洲国家，其中以印度、中国、菲律宾为首。斯坦福大学粮食安全及环境中心副主任马歇尔·伯克曾估算，由于生长季大幅延长，基建成本降低，海上航运增加，全球升温可以让加拿大平均收入增加 250%。加拿大是一个政局稳定、政府清廉的民主国家，享有全球 20% 的淡水资源，拥有多达 420 万平方公里的新增可耕地，因此本世纪后半叶有望成为全球首屈一指的大粮仓。

俄罗斯也会成为本世纪绝对的赢家，其 2020 年国家行动纲要就明确提出，借助气候变暖谋求发展的举措。美国国家情报委员会称，俄罗斯有可能因为逐渐温和的气候成为最大受益者。俄罗斯拥有占全球 10% 的陆地面积，已经是世界上最大的小麦出口国，随着气候条件改善，其农业主导地位将不断巩固。不管当前政治格局如何，一个国家如果能为全世界提供粮食，就会拥有越来越大的全球影响力。随着永冻土层面积不断缩小，一方面，从未开垦的土地将随之露出，土壤营养丰富，适合种植；另一方面，原本封存在土壤中浓度最高的碳将会被释放，甚至可能造成灾难性后果。根据一项详细的模型研究，到 2080 年，西伯利亚超过一半的永冻土将会消失。这个欧亚大国有约 30% 的领土是极不适合居住的。原本这些地区的气候条件对现代文明发展而言可谓"相当极端"，将来可能转变为"相对有利"。从气候角度而言，北方冰封地区将会变得更有吸引力，并能支持更多人口。俄罗斯北部和东部的生长季将会变得更长，这意味着雅库茨克（萨哈共和国[1]的首府）未来将变得极为多产。雅库茨克已经是主要的钻石产地，黄金及其他矿物储量丰富。西伯利亚永冻土退化，将进一步振兴当地的矿物开采。2050年，永冻土层将消融约1 600米。

永冻土和冰路的消失虽然有潜在的好处，但对很多居住区会带来严峻的问题，这些居住区主要是位于俄罗斯内陆的大城市，还有一些位于加拿大的大城市。永冻土的本质是冰封为固体的沼泽，能为道路、建筑、铁路及其他基础设施提供牢固的地基。然而，当永冻土一经融化，变回原来的沼泽，则无法做到这一点。根据2022年的评估，目前有70%的基础设施建于永冻土层之上，到2050年永冻土表层融化的风险极高。应对这一问题，我们可以采用极为有效的工程措施，但成本极高，研究者预估，到2060年每年的花费达350亿美元。加拿大西北部领土人口稀疏，但用于永冻土损害的开支已达到每年4 100万美元，人均花费900美元。

西伯利亚的很多城镇是在斯大林的古拉格[2]计划时期建造的。若要到达那里，除了坐飞机前往，就要依靠每年仅在冬季出现数月的冰路。一旦气候回暖，冰路融化，这些城镇就会处于彻底与外界隔绝的状态。俄罗斯内陆地区，可能会和低纬度地区一样，因气候变化影响，有人口迁出，但沿海地区则会迎来繁荣期。然而不用多久，沼泽一经融化，就会恢复稳定状态，便可用于排水、建造和农业生产。即使是俄罗斯，面对极高的人口流失率（2020—2021年人口流失达100万，由于仇外情绪，当地拒绝接收移民），也正在改弦易辙。俄罗斯意识到，如果没有逐渐壮大的人口，不仅可能失去业已

1　俄罗斯最大的二级行政区，为非主权国家。
2　苏联政府的一个机构，负责管理全国的劳改营。

式微的地缘政治影响力，还有可能遭遇经济实力下滑的局面。俄罗斯东部的荒地被首次改造为农田，大部分从中国迁入的劳动力已经开始在那里种植小麦、玉米和大豆。2020年，俄罗斯允许移民拥有双重国籍，希望借此吸引更多移民加入俄罗斯国籍。

其他可能建造新城或扩建城市的地区，还有苏格兰、爱尔兰和爱沙尼亚，包括法国的卡尔卡松地区，海拔较高，水资源充足，并且周围都是河流。正如之前提到过，南半球高纬度地区的土地面积要少很多。但是巴塔哥尼亚、塔斯马尼亚、新西兰，以及南极洲西部新增的无冰区都有建造新城的潜力。单单南极洲，21世纪末就预计有17 000平方公里的新增无冰区。这可能会为开发带来机遇，但是我个人则由衷地希望，地球最后一个尚未开发的大洲依旧是珍贵的自然保护区。

其他地区的人们会转移至高海拔地区，虽然这些地区的气温也在升高，随着冰川消失，可使用的淡水资源也在消失。移民涌入的高纬度地区有北美的落基山脉及欧洲的阿尔卑斯山脉。例如，瑞士拥有湖泊资源，海拔较高。美国的博尔德和丹佛，海拔都在1 600米以上，已经开始吸引移民迁入。斯洛文尼亚的卢布尔雅那也位于阿尔卑斯山附近，拥有丰富的地下含水层及高度繁荣的农业。

在温度上升1.2℃的情况下，很多山地城市已成为气候移民的收容之地，但是如果温度继续升高，就不再适合接收移民了。哥伦比亚的麦德林拥有充足的淡水资源，四周是肥沃的农地，因此吸引了数千人从环境更为恶劣的干旱地区来此定居。但是麦德林位于热带地区，因此会受到气候变化的严重影响，尤其是强度及破坏力都更为严重的暴风雨，会造成泥石流和洪涝灾害，甚至可能导致建筑坍塌。麦德林一直在采取各种措施提升基础设施的韧性，但是随着气候变化进一步对这座城市造成冲击，其脆弱的社会体制也正面临着风险。哥伦比亚经历了长达数十年的社会动乱和暴力事件，经济发展一直十分落后，和拉丁美洲大部分国家一样，更可能成为移民的发源地，而不是接收地。

人们想要前往更安全的地区。只有搬到治理良好、生产力发达、资源丰富的地区，才能得到更好的发展。值得庆幸的是，很多地方同时满足这些条件。有些地方需要扩建已有的城镇，而其他地区，诸如西伯利亚及格陵兰岛，需要建设新城。

边境开放

找到合适的安置地点只是这项迁移大工程的第一步。不同于动物，也不同于毫无束缚的史前人类，他们可以随时收起帐篷，来场说走就走的迁移。现代人类参与的复杂的社会关系网，犹如牢笼般束缚着我们。面对人类的迁移，尤其是这场规模空前的巨变，我们需要了解领土、边境以及人类一手缔造的 21 世纪社会将发生哪些变化。

为了让数以亿计的移民找到安居之所，国际社会需要在达成共识的情况下，强制征收某些国家目前持有的土地，并针对新建城市及其产业给予补偿方案和资金投入。全球变暖的危机时期，经济较发达、纬度位置更为安全的国家会承担"照料者"的重任，去扶持经济较为落后、受气候变化影响严重的国家，直至地球恢复往日风貌。届时可能会出现所谓"特设城市"和"国中国"，大约 200 个民族国家会从地球上彻底消失，其他国家则会合并为区域性的地缘政治实体。民族国家、边境、护照这些出现相对较晚，但目前仍在使用的概念，未来可能会被很多其他的事物所替代。

实现全球范围的自由迁移，可以振兴各国经济发展，同时拯救生命，改善生存现状。毫不夸张地说，开放边境会导致人口大量流动，预计迁移人口数从数百万人到十几亿人不等，随之带来几十万亿美元的全球 GDP 增长。

然而，开放边境并不意味着完全取消边境或废除民族国家。短时间内，我们必须做好准备，开放边境可能会让全球现行制度遭到巨大冲击。完全放弃地缘政治体制似乎并非明智之举。毕竟，人们之所以对选择迁移的目的心驰神往，很大程度上是因为民族国家所发挥的作用，其中包括各类制度、法治、投资决策、基础设施。正是得益于上述功能，有些国家走上欣欣向荣的发展之路，吸引大量移民前来，让他们在此落地生根。发达国家的劳工之所以收入更高，部分原因是他们所处的社会拥有先进的制度，能够促进和平与繁荣。直白地说，有些国家治理得比其他国家更好。

考虑到有些国家，比如孟加拉国和越南，会有大量人口涌入别国，甚至有些情况下，移民人数会超越原住民人数。因此，只是简单地让他们融入当地政治体制是不够的，而是要给予他们发声的机会。如果能巧妙地运用法律制度，仔细得当地处理，移民能够获得价值感，维持自己的尊严。本地人不会觉得生存空间遭到挤占，或是地位受到威胁。到 2100 年，出生在加拿大的公民人数已经被移民超越，比例为 1∶2。加拿大繁荣发展的关键不仅在于维持现有的社会政治制度，更在于认识到新晋移民特殊的社会文化需求。

人类沿用至今的以国家为基础的地缘政治体制，可能被其他制度所取代，例如麻雀虽小、五脏俱全的城邦，在古希腊和文艺复兴时期的意大利是常见的政治实体，如今典型的城邦就是新加坡，更低调的例子包括迪拜、中国的香港和澳门。未来几十年，超大城市不管在劳动力、边境还是签证政策方面，都将享有更高的自主权，虽然这些城市在其他功能从属于更大的国家，但其本质与城邦没有区别。另一种选择便是贸易和劳工自由流通，并享有一定治理权的新型区域联盟。欧盟就是一个成功的例子，它使用单一货币，并拥有有限的治理权。其他的区域联盟，例如非盟，也会追随欧盟的脚步。未来几十年，包括北欧国家、格陵兰、爱尔兰及加拿大在内的环北极国家，可能会形成这样一个联盟，在移民管理上达成政策共识，共享生态系统、矿物开采、货运。随着气候变化，移民增多，彼此接壤的国家确实应当巩固关系，共同解决重大议题，不管是劳动力与商品，还是能源与资源，一起抵御潜在的威胁。

特设城市

另一种选项或许就是特设城市。特设城市的建立及运行规则与其附近的辖区不同。这一理念是诺贝尔经济学奖获得者保罗·罗默于 2009 年首次提出，是促进落后地区发展的一种新型治理结构。根据保罗·罗默的规划，经济落后国家将一部分领土转让给经济发达、治理良好的国家，例如瑞士，以此得到有效的管理。罗默的设想是，特设城市的公民能够从有效的治理、良好的治安，以及大量财富中获益。母国会得到税收，同时也多了一个发展成熟的经济中枢。而管辖国会获得投资机会以及相对廉价的劳动力和资源。

这个理念与"经济特区"的概念较为接近。"经济特区"让许多城市改头换面，其中包括中国的深圳及阿联酋的迪拜。从本质上说，"经济特区"是指为了吸引外资，促进贸易往来与就业机会，而实施特殊商业政策及法律的地区。新加坡和中国香港也是同类成功案例，背靠更优越的司法体系、廉洁的风气、更强大的法治、更有效的管理，迎来经济上的腾飞。值得一提的是，新加坡和中国香港也得益于其战略性地理位置，作为要冲城市，分别通过马六甲海峡和珠江三角洲控制大量的贸易流动。

当然，未来几十年，随着大量人口从气候变暖重灾区迁出，罗默的模型并不能满足那时的需求。贫穷国家用主权换取脱离贫困的机会，这样的想法对很多国家而言是难以接受的。然而，私有特许城市这一理念正在酝酿中，提出这个经济发展模型的目的，正是帮助居民逃离气候变化的影响。洪都拉斯已经构建了一个名为 Próspera ZEDE（西班牙语意为，就业及经济发展繁荣区）的特许城市的雏形。这个特区位于加勒比海罗阿坦岛的空置土地上，占地面积为 0.4 公顷。目前，那里只有三幢楼。根据规划，到 2025 年，人口规模将扩大到一万人。人们只需要签订一份社会契约，支付一定量的会员费，便可成为自由意志梦想的一员。

这个理念和"海上运动"不谋而合。"海上运动"是一个自由意志团体，由拥有巨量财富的末日准备者[1]组成，他们想要在公海上建造独立的浮动城市。2008 年"海上学院"于旧金山成立，由无政府资本主义者、谷歌软件工程师帕特里·弗里德曼一手打造，出资者为身价百亿美元的 Paypal 创始人彼得·泰尔。其目的是建立终身制的海上社区，促成各种各样社会、政治、法律体制的试验与创新。他们打算采纳的想法还包括：从海水中获取碳酸钙，建造 3D 打印的人工珊瑚城，那里有倒置的摩天大楼，因此被称为"摩海大楼"，而所需的动能则来自海洋地热能。有些能量会用于吸收深层水域的

1　那些为社会崩溃、自然灾害或其他能完全击穿日常生活状态的大型事件，提前进行准备的人。

营养物质，然后在海底农场种植海草。种植者是地球上最贫困的 10 亿人。这样的理念很受欢迎，因为浮动社区需要难民在经济上自立。据称，这些浮动的乌托邦可将人类从政客手中解放出来，同时解决世界重大议题。我们当中持怀疑态度的人，反而会觉得这样的浮动城市有些许反乌托邦的意味。

"海上运动"的第一个试点项目是位于法属波利尼西亚的浮动特许城市。由于当地居民的负面反馈，这个项目在策划阶段就停滞不前了。他们担心，特许城市的建造会带来污染、破坏及环境毁坏。一位塔希提的电视节目主持人将这一情形比作《星球大战》中银河帝国一边偷偷建造死星 [1]，一边对无辜的伊沃克人展开强势侵袭。

比特币巨头查德·埃尔瓦托夫斯基及其妻子萨泼尼·普德特面对阻挠，并没有退却，他们于 2019 年在泰国普吉岛沿岸建造了一个海上小屋。然而，泰国政府起诉他们侵犯国家主权，这一行为可能会被处以死刑。这对夫妇以几分钟之差，逃过了泰国海军的追捕。他们现在通过新建公司"海洋建造者"，在巴拿马的加勒比海沿岸进行另一个海上项目，这一次征得了巴拿马政府同意。

即使巴拿马及洪都拉斯的试点项目成功了，由于位于加勒比海热带地区，受气候影响较大，这样的地理位置与理想条件相去甚远。然而，如果有足够的资金投入和工程措施，一小部分人可以在这里筑起抵御气候变化的家园。这些案例传达了更重要的信息，仿佛打开一扇窗，让我们知道：未来如果不经规划就进行迁移，后果会是什么。小部分富裕的精英阶层使用金钱与权力，在与世隔绝的小岛上筑起家园，与此同时，数亿人被困在极其恶劣艰苦的环境中，而

1　《星球大战》中由银河帝国建造的战斗空间站。

他们并不是造成这一切的罪魁祸首。这样的场景已经在很多科幻片中出现过，因此应该不难想象。要保证这一切只是科幻片的场景，就要靠我们的不懈努力了。我们现在就应该拿出雄心壮志，为全人类的生存做规划，正如小部分富裕阶层已经在为末日撤离做准备。

2015 年，正值叙利亚难民危机最严重的阶段，埃及富豪纳吉布·萨维里斯提出收购希腊的若干小岛，每座岛屿可用于收容 3 万余名难民。萨维里斯整理出一份清单，其中包括希腊的 23 座私人岛，所有者都是愿意出售岛屿的投资人。他将这份清单呈交至时任希腊总统阿莱克西斯·齐普拉斯及联合国难民署。他提议让难民进行临时工程建设，一旦叙利亚危机结束，可用于旅游业开发。萨维里斯计划创立一个股份制公司，总资本达 1 亿美元，其中包含公开募捐资金。到目前为止，这项计划没有任何进展，但被作为应对极端气候事件下，难民突然涌现的权宜之策。私人投资者、政府及民众可以合力在私人岛上建造庇护之所。但是从长远来看，人们在隔绝的岛屿上无法真正地生活，必须在规模更大的社会中安定下来。

特许城市的确有可能发挥作用，但并非如最初设想一般，建在风险极高的赤道带，而是建在高纬度地区，主要将更多人口转移到卫星城。城市的管理运营可以由母国负责，但是所在地位于其他国家，可以通过租借，也可以购买所有权。这种特许城市模型对于尼日利亚、孟加拉国及马尔代夫是极好的解决之策。这些国家可以向面积更大的国家租借或购买土地，以此获得宜居的领土，持有期限可以是 99 年。尼日利亚虽然国土面积较小，但人口总数超过俄罗斯和加拿大的总和（2050 年将会达到 4 亿人）。而上述的两个国家拥有广袤的国土面积。租借地的管理可以由承租国负责，出租国可以通过农产品征税。一旦租赁到期，可以续租，也可将领土归还给出租国。公民可以选择继续待在新的国家，或是返回自己的祖国，经过数十年的气候修复，后者应该会变成足够安全的栖居之地。

虽然听起来有些牵强，但是购买和租借领土在其他地区确实存在先例。中国被迫将香港割让给英国百余年。美国也向其他国家购买过领土，例如 1867 年向俄罗斯购买阿拉斯加。随着越来越多的地区丧失居住性，各国将会面临艰难的抉择，应该如何管理那些为了自身安全而移民的大批人口。很多人会自主融入北半球现有的政治实体中，从而扩大加拿大和俄罗斯这些国家的影响力和生产力。有些人则认为以重新安置的方式转移到现存的民族国家是一种更公平、更有吸引力的选择，其实现形式与 19 世纪移民扩张正好相反（理想状况下，这一次是通过租赁或购买土地，而不是强制占领）。2014 年太平洋岛国基里巴斯由于海平面上升，逐渐变得不宜居住，因而向斐济购买了 20 平方公里的森林。基里巴斯总统艾诺特·汤称，这片区域最初的用途为农业生产。他说："我们希望尽量不要让所有人都搬到这么一小块地方，但如有必要，我们可能会这么做。"

有希望成为特许城市聚集地的其中一个地区便是俄罗斯的东北部。那里幅员辽阔，城市人口正在减少，具有农业发展潜力，矿产资源丰富。印度及孟加拉国这样的国家可以向其租借土地，建设特许城市。一方面可以保护俄罗斯的主权，另一方面重振生产力之后，可以为俄罗斯带来实际的税收收入。这个人口逐渐减少的国家会更偏向来自苏联邻国的移民。然而，远东地区是近几年中国投资集中的区域。

助推人口流动

移民最大的问题是并非迁移的人太多，而是即使国境之内，迁移的人都不够多。

21 世纪进行迁移的理由显而易见：迁移可以帮助我们渡过环境变化、贫穷及全球不平等的难关。但是想要迁移的人口数量不足，鼓励和助力迁移需要成为政策重点。研究表明，最好的做法并不是强制或激励人们迁移，而是消除阻挠迁移的障碍。

对于大部分居住在非出生地的人，其搬迁的契机便是人口学家口中的"家庭组建"。换言之，一个人离开父母身边，去另一个地方和他人组成一个新的家庭。最近几十年，西方"四世同堂"的家庭结构大幅减少，因此这种类型的迁移十分普遍。人们建造新家的地方往往前景广阔，就业机会充足，教育资源丰富。经济差异会导致人口从贫困地区向富庶地区转移，这就是迁移，时间跨度从几年到几代不等。例如英国在过去几十年经历了东南向的迁移潮。一些面积较小的国家，大多数迁移都是跨境迁移。但是国土面积较大的国家，例如中国和印度，这样的大规模迁移一般都发生在境内。全球只有 3.5% 的人口是国际移民。其中规模最大的跨境流动发生在美墨边境及印度—孟加拉国边境（很多跨境流动都未经正式登记）。

21 世纪的气候变化将会改变经济版图，即居住地的相对吸引力。大多数移民是工作移民。大部分的移民者是适龄成年劳动力。欧盟是最吸引移民的目的地之一。即使如此，移民也只占欧洲人口的极小一部分。虽然欧洲人提及蜂拥而至的非洲移民如洪水般涌向欧洲海岸，但值得注意的是，只有 2.5% 非洲人居住在国外，这些人中不到一半居住在非洲大陆以外的地区。虽然想要挣更多钱，但真正动身搬离的人寥寥无几。部分原因便是边境管控。这意味着，要从贫困地区迁移到富庶地区的难度和成本都是极高的，除非你有高价值的专业技能或者是合法移民的近亲。但这只是整个故事的其中一个版本。让我们来看看欧盟的人口流动，对成员国而言，完全没有边界限制。德国的薪水至少是希腊的两倍多。希腊公民只要想搬到德国，随时可以搬到那里。然而，过去几十年 1 100 万人中，只有 15 万人迁移到德国，占比仅达 1.4%。德国文化的方方面面，包括语言和美食，对一个希腊公民而言，都是极其陌生的。以外来者的身份融入是一项社会性挑战，至少在一个人的关系网形成前。仅仅待在一个地方要容易很多。

即便两地存在巨大收入差距，人们固守一地的黏性依旧很高。密克罗尼西亚的居民不需要签证便可去美国工作生活，并且那里的平均收入可达本地的 20 多倍，但大部分人还是会待在出生地。尼日尔位于尼日利亚附近，其经济生产总值只有尼日利亚的 1/6，并且两国没有边境管控，但尼日尔的人口并没有减少。人们喜欢待在出生地，因为一切更为熟悉简单。很多人需要极其强大的动因才会下决心搬迁，哪怕只是迁移到国内的其他城市，哪怕搬迁的好处显而易见。一项孟加拉国的研究发现，如果一个项目能够为农村居民提供补贴，激励他们淡季去城市工作，即使他们通过这样的季节性迁移赚得更多的钱，这个项目最后仍旧没有顺利运行。

其中一个问题便是经济适用房不足及城市各项设施的供应紧张。这意味着最终的结局便是作为非法移民住在拥挤狭窄、没有任何管理的房屋中，或是住在帐篷里。另一个问题便是家庭生活，城市中照顾孩子要么成本过高，要么根本无人照看，但是在农村，无须任何费用，大家庭便可包揽这个责任。通过租房补贴给予住房支持，在移民前就确定分配就业岗位（不管是否是临时性工作），为照料孩子提供支持保障，这些都可以助推人们移民。这不仅仅是贫困地区会面临的问题，同时也影响到那些从密歇根州的小镇迁移到芝加哥的人们，大城市虽然前景光明，但是房价居高不下，脱离原来的大家庭抚养孩子很耗费成本。

人们在心理层面往往不愿意做高风险决策。如果你下决心迁移，但结局却不尽如人意，你的失望程度会超过什么都没做但却下场惨淡。向移民者提供应对失败的保障措施会让天平略微倾斜。在孟加拉国的一项研究中，人们通过风险共享做到了这一点，其效果等同于提供免费的公交车票，因而真正搬迁的人数增加大约 20%。

人们愿意忍受经济上的显著劣势以及未来的不确定性，以此来交换当下的舒适状态。例如，夏威夷的薪资收入一般，但生活成本极高。数十年内，夏威夷群岛将无法再住人，但很多人还是会因为夏威夷的天气及生活方式搬到那里去。当我最近在佛罗里达群岛时，可以很明显地感受到，对于这方浸润于阳光中的静谧土地而言，时间所剩无几。街道的裂缝中有水渗出，基拉戈岛的部分区域已经遭到淹没，然而不少房产经纪人仍在售卖价格不菲的房子。想一想新奥尔良的居民，早在卡特里娜飓风袭击美国前，就已经长年目睹海平面上升及洪涝灾害。这场灾难后进行的一项研究表明，飓风后迁移的幸存者在新的城市赚到的钱更多。但他们为何不早点迁移呢？因为卡特里娜飓风彻底摧毁了人们在此安居的可能性，因而搬迁的好处让天平倾斜，让人们不惜离开熟悉的环境及社交圈。

如果我们要帮助人类安全搬离，而不是迫于自然灾害不得不搬，就要帮助他们提前决策。

这不仅仅在于你会想念自己的朋友，或是忘不掉外婆做的可口饭菜。历史证明，人类的生存极其依赖社会关系网。搬到别处会让你完全脱离原来的社会关系。而这些人际关系会是你遇到紧急情况，健康出现问题，成为新手母亲，遭遇失业，抑或面临心理健康危机时的救命良药。从乌克兰逃离至安全地区的第一批难民，是那些本身在目的国就有亲眷的人。人类对彼此的依赖是真实存在的。因此要成功移民，人们需要跨越千山万水，拓宽自己的关系网，或是能够迅速建立关系网。因此国家出资支持移民至关重要，这对于希望通过接收移民提振经济的国家而言，是一笔无价的投资。

这意味着要采取前所未有的措施保障住房需求，大规模建设基础设施，为人们提供生活津贴、培训，以及求职及创业的机会，为抚养子女提供补助，给予承担照料工作的人薪资报酬，帮助人们通过语言课程及公民教育课程融入新的社群，开启新生活。对新移民的社会保障采取惩罚性限制措施，不仅不够人道，而且得不偿失。居留签证必须更加灵活，移民求职期限可延长至数年，而非短短一段时间，取消最低收入的规定。有经验的护理人员、家政助手、劳工、帮厨和送货员都是至关重要的角色，但其收入未必高于居留签证的最低门槛。这些立竿见影的短期支持从长期来看会有成倍的回报。然而，由于糟糕的社会政策助长了极端的不公，如今很多富裕国家都没能满足本国国民的这方面需求。各国只有通过更有力的政府支持才能应对 21 世纪的重大挑战。其中包括：强有力的监管，全民享有的基本服务，有利于社区及企业的政策，也就是系统地满足劳工、孩子、老年人、病人以及环境的需求。我们只需要相对较小的额外投入，便可为这些移民提供社会保障，而这些人一旦融入社会，将会做出巨大的贡献。换言之，这是一项稳赚不赔的投资。

第八章

移民之家

每年，随着位于周围沙漠区的单间棚屋不断增加，秘鲁首都利马的面积也在不断扩大。秘鲁政府大多数情况下对移民难题视而不见，而不是帮助农村的贫困人口搬到规划后的定居点，并提供基础设施和社会援助。和世界各地的棚户区一样，利马的贫民窟里，人们花钱居住在这片严格管控、帮派横行的土地上。国内的人贩子会在市郊找一块土地，查明土地所有者在国外，就带大批人将此地据为己有，并凭此收费。

早在 2012 年，我采访过贫民窟的一个居民阿贝尔·克，来自库斯科城附近的一位农民。他养过猪，也种植过可可和各类蔬菜。他告诉我持续严重的旱灾，让农场的生活变得日益绝望。

克鲁兹说道："一天，有个人来到村里，问我们想不想去利马过上更好的生活，我们的两个儿子也可以在那里上学。其实我们并不想离开自己的家人和住所，但是旱灾越来越严重了。"如同热带地区的数百万居民一样，克鲁兹下定决心，移民的艰辛和不确定性总要好过将来毫无希望地继续待在村子里，饱受贫穷与饥饿之苦。

"我们约好早上 5 点碰头，要带上钱和几张竹席。碰头的时候，发现那里有许多和我们类似的家庭。他们把我们带到一个沙丘旁，让我们隔出一块地方，用拿来的材料造房子。"他们的房子和周围其他的房子一样，地面是裸露的泥土，家徒四壁。卷起来的席子靠在隔板墙边，锅碗瓢盆整齐地放在角落里。

"我们的厕所就是房间地上挖的一个洞，再盖个木板。每隔几年，厕所一满，我们就再挖一个洞。20年后，整个地面都会布满这样的'屎坑'，我不知道到时候我们应该怎么办。这里发出阵阵恶臭，人们染上疾病。我们没有水，得花将近一半的工资支付货车运水的费用。"

最初，不发达地区的城市移民会往返于城乡间，农村粮食收成的时节，以及其他需要大量劳动力的时候，或是城市的工作机会所剩无几时，他们会返回到农村。这些定期往返的移民经常睡在临时建造的宿舍里，或是在工作的地方直接搭起帐篷，把赚来的每一分钱省下来用来买吃的，或是寄回家。两手一起抓可以让他们在城市建立保障网络，并学习有用的技能，同时也不会丧失农村的土地所有权。最终，他们会一直持续地向城市迁移。移民者形成自己的生存方式，迁移到别的城市或国家，学习新的技术，发掘新的机遇。他们赚到的钱则会被源源不断地寄回农村，他们创建巩固的关系网，则能够帮助村里的其他人用同样的方式来回迁移。

移民者将会纷纷涌向城市。帮助他们快速无痛地完成过渡阶段将惠及所有人。这意味着要做一件几乎所有政府都不太擅长的事情——未雨绸缪。

2008年，也是人类进化史上的第一次，城市居民人数超过了农村居民人数。我们变成了另一个物种，在地理上与供养我们的大自然相分离。城市化进程首先出现在西方，从1850年到1910年，每年多达200万人向城市迁移。美国的农村地区因此布满了"鬼城"。

随着农村地区人口减少，发展中国家也出现相同的情形。

如今，大约有 1/3 的全球人口正在迁移，其中大部分都是从农村迁往城市的内部移民。随着难民逃离恶化的自然环境，以及随之而来的社会影响，城市化迁移正在彻底改写人类的地理版图。本世纪剩下的时间，我们的挑战便是建造这样的城市：面积广阔，人口密集，安全、宜居、包容，拥有适于人类世的经济发展模式，能够循环利用水资源及其他资源，可以在不污染自然环境的前提下，完成垃圾处理和生产管理。

美洲及西方国家的城市化进程已经基本完成。亚洲的城市化已经进行数十年，其中领头国家为马来西亚、中国、泰国，但个别地区还是有进一步城市化的空间，尤其是南亚。非洲的大部分人口集中在农村地区，但是城市人口以每年 3.6% 的速率增加。城市化迁移加上居高不下的出生率，会让非洲城市人口每年增加 2 000 万人。接下来的 10 年，世界发展最快的十大城市将会出现在非洲。坦桑尼亚的达累斯萨拉姆，直至 19 世纪还只是个渔村，到 2030 年将会拥有 1 100 万人口，是如今的两倍。同时，拉各斯[1] 及开罗到 2030 年人口数预计达到 2 400 万人。如果接下来数十年全球继续变暖，上述城市没有一个可以住人。事实上，这些城市已经遭受了极端高温、洪水，包括两者夹击之下的致命影响。

北向的大规模移民将会是城市居民的大迁移。跨国迁移的始发地往往是城市，即使这些移民出生在农村。

理想情况下，城市的发展往往会伴随着幸福感的提升，正如独立后的新加坡。然而，非洲正在进行的城市化，虽然比亚洲和拉丁

---

1 尼日利亚首都。

美洲速度更快，但却出现了更为严重的贫困现象。例如在拉各斯，基础设施发展的速度远远跟不上新来移民的需求，随之产生了大面积杂乱无章的贫民窟，被狭窄的道路一分为二。那里的排水系统糟糕不堪，经常发生断电及其他问题。尼日利亚和新加坡都是 1960 年独立的。虽然拉各斯的发展速度更快，但是经济状况也落后很多，数百万人住在洪水频发的沼泽地区，没有供电及基础的卫生设施，医疗条件差，国民文化水平较低。由于居民是零零散散地分布在各处，而不是集中在规划区域，导致商业贸易和创富创新的效率，以及国家的生产力大大降低。因此未来的城市规划，一定要吸取这方面的经验教训。

只有位于多地交汇的中枢地带，城市才能最大限度地发挥功能。虽然非洲移民者去城市后收入有所提升，但提升的幅度不会太大。但和世界其他地区不同，他们最后找到的往往不是高薪的工作。他们居住的地方离工作地点也不近，所以得上下班通勤往返，不仅花销很大，而且会在拥挤狭窄的道路上耗费很长时间。内罗毕是世界上通勤时间最长的城市之一，因为 10 个人中有超过 4 个人走路去上班。这意味着，移民找到的工作往往是街头小贩，或者在街边卖卖蔬菜或小饰品，而不是收入丰厚的工作。非洲的基础设施和城市规划都极其落后，因而运输成本高昂，随之也推高了食物及其他资源的价格。这会削弱非洲在国际市场的竞争力，因而大部分的非洲城市都是"消费型城市"，占经济主导地位的是用于内销而非对外出口贸易的低价值服务和低价值产品。这就是为什么非洲的城市与其他地区城市相比，经济发展远远落后。这也是为什么非洲更容易受气候变化及其他冲击和压力的影响，因此非洲是大规模迁移的重点区域。

这背后的原因是多种多样的。包括殖民剥削的遗留问题、HIV

病毒、各类冲突、治理不力，以及农业生产落后，导致粮食价格居高不下，因而限制了收入。然而，提升城市规划，增加住宅密度，拓宽道路，改善交通及基础设施，会大大提升非洲在本世纪城市化进程中的生产力与财富，也可以提升人们抵御气候变化的修复力。

全世界范围的情况也是类似的，只是程度多少的问题。城市化迁移往往是未经规划、反反复复的。放眼全世界，最耀眼的城市最初都是商业及行政中心，但当你朝城市外围走去，会发现周围的住宅区并不那么体面，甚至看起来像贫民窟。18 世纪至 19 世纪的欧洲也有人满为患的棚户区，里面住着缔造城市财富的外来务工者，但这些地方是出了名的脏乱不堪，住在里面仿佛随时会有生命危险。由于卫生条件较差，伤寒、霍乱、痢疾、疟疾等疾病大肆传播。冬天，家家户户仿佛冰封于严寒中；夏天，他们在酷暑的煎熬之下发臭变味。20 世纪开发政策颁布后，这些贫民窟被逐步拆除，取而代之的是体面的楼房和相配套的基础设施。19 世纪伦敦最惨不忍睹的贫民窟七晷区，现在已成为科芬园剧院区[1]最高档的中心地带。同样，在世界范围内都声名狼藉的纽约贫民窟五点区，现在成为曼哈顿唐人街和市政中心之间炙手可热的住宅区。

快速经历城市化的一般方式便是：来自农村的移民未经允许，便在发展成熟的城市外围搭建低成本的棚屋群。随着棚屋数量增多，逐步吞噬农村地区，新的市郊随之形成。用这种层数较少、土地面积严重不足的棚屋进行扩张，往往效率低下，还可能导致人们在贫困中一蹶不振。这些地区往往得不到政府的重视，由于棚屋是非法搭建的，因此住在这里的居民无法得到卫生设施、水资源、医疗服

1　科芬园在中古时期原为修道院花园，15世纪时重建为适合绅士居住的高级住宅区，同时造就了伦敦第一个广场，后来成为蔬果市场，以街头艺人和购物街区著称。

务等必需资源。他们无时不刻不在担心某一天自己会遭到驱逐，或是下班回来发现自己的"房子"已被夷为平地，却没有分毫补偿。然而，移民搭建维护的关系网，以及他们带来的重要社会资本意味着，这些未经正规渠道搭建的低成本棚屋，可能是活力迸发的商业集市，也可能是逃离贫困、社会阶层跃迁的重要途径。棚户区就像一块神奇的敲门砖，让那些来自农村贫困地区的人们叩开城市生活的大门，获得希望和机遇。

伦敦东部地区斯皮塔佛德曾经是法国胡格诺派[1]移民的聚居地。他们靠丝织业发家致富。19世纪初，来自曼彻斯特纺织厂的竞争让他们陷入极度贫困。原本宽敞的住宅被分隔成狭小拥挤的棚屋。后来，这里先后居住过荷兰及德国的犹太人、大批穷困潦倒的波兰人及俄罗斯犹太人，以及其他东欧移民。20世纪的社会保障项目改善了这一地区的状况。虽然这里依旧贫穷，但却先后居住了犹太及爱尔兰移民，到20世纪末，这里成为孟加拉地区及孟加拉[2]国移民的聚居地。21世纪之交，这个地区被称为"孟加拉镇"，例如其中的肖尔迪奇区和"砖巷"，成为艺术家及其他创意工作者的潮流区。

完善成熟的城市与棚户区之间，通常有一道不可逾越的鸿沟。苟活于棚屋的人们会遭到"一刀切"的贬低，会被视作为非作歹、肮脏不堪的"刺头"。尽管那些经济条件更好的公民，其父辈祖辈本身就是移民，而且他们自身依赖这些棚户区移民提供服务，完成家政、建造等不可或缺的工作。这样两个唇齿相依的世界却因为等级

---

1 俗称法国新教。17世纪以来，胡格诺派是法国最有影响力的新教教派，在政治上反对君主专制。

2 孟加拉不仅指孟加拉国，还包括印度与孟加拉国毗邻的西孟加拉邦和奥利萨邦，以及比哈尔邦。

境遇的差异，咫尺天涯。很多富裕的居民永远不会踏入棚户区半步，即使它就在家门口。

最终，这些地方，不管是被称为贫民窟、棚户区，还是城中村，都会被正式纳入主城区，那里的房屋建筑也会永久留下。但讽刺的是，这些地区所具备的文化多样性和创业精神，也是这些地区最吸引人之处，恰恰会将生活成本推高，因而，一旦这些地区经历"中产化"转型，最早的居民便无法承受这样高昂的生活成本。斯皮塔佛德原有的棚户区肖尔迪奇区，已经成为伦敦中产化程度最高的地区之一，除了个别保障性住房项目外，已经远超当地孟加拉移民可承受范围。贫困人口遭到进一步排挤，与高楼大厦无缘，建造这些楼房也恰恰是为了与这部分人"划清界限"。但是由于没有成熟的社会关系网或是创业创新机会，这些棚户区缺乏经济发展的内生动力。最后的结局便是人们在这片格格不入的地区，继续穷困潦倒地苟活着，几乎没有从头开始的希望。

人类世城市

这就是我们面临的挑战。我们要将这些移民城市打造成充满希望的热土。原本穷困的人们可以在此建造家园，构建强大的关系网，能有机会就业、培训、创业，并且利用时间及社会资本进行其他方面的投资。这些城市必须配有完备的基础设施建设，治安良好，繁荣发展。同时，那里的生活成本不能过高，理想状况下，电能和水资源消耗不能超过其产能及储量，不排放温室气体，并能够控制生物多样性的流失，要尽可能地用多种方式实现经济发展过程中物质资源的循环利用，尽可能减少废物垃圾的产生，同时避免污染。

这是一项艰巨的挑战。如果一个棚户区从社会流动性角度符合"成功"二字的定义，那么便无法满足治安良好、生活成本适中、能聚居大量人口的要求。比如，只有在一个淌满污水、无人问津的地方，一个来自农村的移民才不需要花费太多钱，便可拿身上仅剩的木板搭起棚屋。从如此简陋的小屋开始，他有了落脚的地方，接着创建自己的工坊或公司，等有了一些积蓄，便可以在房间地面铺上混凝土，装上电线，用焦渣石替换原来的木隔板，接着再建一个房间租出去，把自己的公司规模做大，再把房子卖给更穷的人，自己则搬到更好的地方去。当他搬到一个完全陌生但是绝对安全的高楼里，却会因为一条街上不认识任何人，无法招徕生意，也不能轻松地扩张，很难获得人脉关系和比初来乍到时过得更好。

放眼全世界，最成功的移民城市往往人口密度很高，但建筑高度一般。街道上都是一栋栋四到六层高的楼房，下楼上街非常方便，周围是学校、医疗中心、社会服务机构、公园和集市。前往城市的文化经济中心，交通非常便利，因为可以往上盖更多的房间或店铺，拥有十足的扩张潜力。政策因素也十分重要。移民要么可以自己开公司，要么可以通过合法渠道获得就业机会。同时，我们需要高效且成本合理的资格认定体系，这样受过严格训练的外科医生不会迫于无奈沦落到开出租车，与此同时，病人却为了看病要排好几个月的队。最重要的是，所有的公民，不管来自哪里，贫穷还是富裕，都能享有医疗和教育。大量的研究支持这样的主张，但美国还是将其视作一项激进的提议。

因为需要收容大量移民，人口密度是极为重要的因素，几层楼高的房子要具备最高的使用率。当然，大多数西方国家的城市可以建得更高。但问题是，虽然能源和空间的使用率提高了，但我们会因此缺少建立关系和业务往来的机会，这一点需要弥补。具体的做法就是进行社会资本投资：保证大型公共空间和小型公共空间能错落分布，包括公园、广场、社交俱乐部和当地社会团体，同时有主动提升社会包容度的政策。为了保证商业发展的潜力，我们需要价格合理、租售两用的写字楼、工坊及商铺。重要的是，高楼层建筑和低楼层建筑也要错落分布，集商业、零售、休闲及公共空间于一体。欧洲大城市的郊区曾经建造过高楼大厦，但犹如钢筋水泥构成的荒漠一般，最终以失败告终。我们要避免这场如今仍制约欧洲郊区发展的失败试验再次发生。

我们应当欢迎移民以家庭为单位迁移到北半球的发达地区。如果移民在没有社会保障体系的情况下来到一个地方，就会感到与外界隔绝，甚至误入犯罪团伙或是宗教政治极端主义的歧途。家庭会提供重要的支持，给人以稳定的后方，也会拓宽社会关系网，帮助人们在新的城市更好地立足。但现有的移民制度采用的是以技能与财富作为考量标准的积分制，在这种严格制度的考核下，他们往往无法获得移民资格。一个家庭的成员往往有各式各样的技能，这也会有潜在的好处。比如，一个拥有专业技能的护士，在相应的岗位上炙手可热，和她的家人一同移民到一个地方。她的外婆可以帮忙照顾孩子，她的母亲可以外出工作。她的外公在餐馆工作的同时，也在传授自己的技能。她的孩子则是未来潜在的劳动力。她的叔叔阿姨则承担儿童护理、园艺、保洁这样的工作，这样便解放了其他家庭的劳动力。这其中的每一个人都在推动经济顺利运行的过程中发挥了作用。

移民城市的居住者往往是世界上最坚韧、最具原创力、最有驱动力的人，但如何培养并且有效利用这些潜质取决于政府政策。如果处理得当，即使遇上气候变化，全球动荡，成群而来的移民还是会成为城市重建和国家发展的主力军。如果处理不当，移民的到来会成为社会分裂和种族矛盾的导火索。管理移民就是要满足新增人口的需求，对住房、服务、基础设施建设进行投资。这会减少本土人口原本就会面临的资源及服务供应紧张，同时让移民人口有尊严地活着，为城市生产力做贡献。这样的投入会引发本土居民的矛盾，他们会觉得自己的设施完全停止更新，而移民却得到了优厚的待遇。避免这一问题的方式就是对移民聚集区和本土居民聚集区都进行规划升级。新建的医院或学校可以让所有人受益，建筑项目可以带动本土人和移民的就业。北半球的一些新兴城市中，几乎所有人都是移民，要么来自国内的其他地区，要么来自世界其他地区。这也为我们提供了绝佳的机会，从下至上地建造可持续并且社会高度融合的城市。原先就造好的楼房里装上供能及水循环系统，就可以马上投入使用。但是我们也要建设城市的基础设施，并且将其作为收入来源，这样可以保证我们建造的是宜居城市，而非更加智能化的棚户区。

当大量移民作为纳税劳动力成功融入新的城市后，政府在移民方面的投入便会获得丰厚的回报。拥有实权的新型全球性移民机构——联合国全球移民组织，可以提供资金以支持城市扩建，这会缓和移民迁入及城市扩建的阵痛。不管痛苦与否，政府的投入都是至关重要的。如果处理得当，大规模移民将会减少全球范围的贫困现象，保护数百万人免受气候变化的恶劣影响，构建充满活力的新城，让人类活动的影响发挥正向作用。私营部门可以帮助承担相应的开支。加拿大已经设立了成功的社区资助模型。其中，私营组织或社区组织为人道主义移民承担开支，并为其定居提供支持保障。

加拿大通过社区资助接收了超过 30 万名移民。针对过去难民接收的惨淡状况，澳大利亚进行大规模整改、考虑采纳这一制度。加拿大 70% 私人资助的移民，称迁入第一年便可通过就业机会获得收入，而对于政府资助的难民而言，这个比例只有 40%。移民融入劳动力市场的过程中，移民自身及其收容社区都会竭尽全力，企业也可以发挥重要作用。一些跨国公司会参与全球公民项目，给员工一定酬劳鼓励他们去经济落后国家做志愿者。其他公司会从经济落后国家吸收人才加入公司中。例如，加州大型浆果种植公司怡颗梅（Driscolls）雇用的是来自墨西哥和美国的劳动力，其位于加州的工厂就有大批墨西哥员工。公司会帮助解决员工的培训、住房、医疗及移民问题。

城市化移民被视作脱离贫困最有效的途径。世界银行对此进行了最大规模的研究，得出的结论是：为了促进经济增长，城市的人口密度要尽可能高，通过移民推动最大规模城市的发展。这项研究给出的告诫便是：政府需要对农村移民迁入的城市地区进行大量投资和基础设施开发。20 世纪初期及二战后的移民潮，适逢教育、医疗、住房、基建及公共交通和地方政府的公共开支大大增加。当时，重工业衰落，因而附近地区空出了低成本住房。21 世纪的大规模移民也需要类似的投资。

一些国家的政府在移民问题的处理上做得比其他国家更好。2000 年至 2009 年这 10 年间，西班牙出生在国外的居民数量翻了 4 倍多，占人口总数的 14%，新增移民数量达 600 万人。但和其他欧洲国家不同的是，尽管失业率和贫困率相对较高，西班牙国内并没有强烈的反移民情绪。大多数人认为移民是被需要的群体（占劳动力的 1/5），并理应享有平等的权利。其背后的原因是西班牙政府将移民融入政策作为重点进行管理。西班牙坚信要全面地、有规划地调整移民政策。这意味着以平等合作而非上下级授权为基础，与其他国家建立真正意义上的伙伴关系，制定主动出击而非被动回应的政策，引领公众舆论而非助长反移民情绪。

让我们来看看帕尔拉，距马德里南部 20 公里的一座城市，位于马德里和古城托莱多的必经之路，房屋低矮，城市不断蔓延扩张。这里曾经是城市化移民的大本营，现在则是国际移民之都，有很多来自摩洛哥和拉丁美洲的移民，其中有 450 万人于 2008 年的经济繁荣期移居至此。法国面对突然涌入的移民，并没有给予什么支援，或采取管理措施。德国则多半无视移民的需求，将其拒之门外。不同于法国和德国的做法，西班牙政府对于大批移民涌入做出积极的投入。西班牙也是欧洲首个专门出台相关政策的国家，旨在让移民城市更加宜居，更好地发挥作用。政策的第一部分便是公民身份：所有拥有全职工作的移民，包括未经正规渠道迁入的移民，都会成为合法纳税的居民，能够享有各项社会服务。为了阻止来自北非涉险偷渡的移民，政府设立项目为数万名非洲移民颁发长达一年的工作许可证。一旦他们的劳工合同续期，便可以携家人移居，并有望获得完整的公民身份。这个项目能够立竿见影地为移民带来人生的转机。每年西班牙有 50 万名新增移民投入经济建设中，这些人能够开始新的生活，投资房产，租赁办公空间，送孩子上学，成为社会中的积极分子，让自己过得更好，让自己的新家越变越好，而不是像社会底层一般，穷困潦倒地苟活着。

西班牙政府斥资 20 亿欧元来推动新一轮移民顺利进行，例如特殊教育、移民接收与适应、就业援助、住房保障、社会服务、医疗、女性融入、社区参与、社区建设。这些努力终有成效。政府移民事务发言人安东尼奥·赫尔南在接受记者采访时称："这些移民现在有了正规的工作，他们缴纳的税费可以为 100 万名西班牙民众提供养老金。他们是我国福利体系的财政基石。作为回报，我们要保证他们能享有和其他西班牙民众同样的权利和生活。"

基础设施的提升和交通的联结，保证帕尔拉的关系网不断扩大，经济高效运行。全市有贯通的有轨电车，以及仅用 20 分钟便可到达马德里的高铁，这些交通网可以让帕尔拉与经济体量的城市接轨。政府建造了大片住宅区，那里中等大小的公寓楼会留出一楼的空间，用于小企业入驻或是购房营销展厅。这种多功能规划可以保证街道有充足的人流，住宅有足够高的密度，这样商铺和企业才会有足够的客流量。但最重要的是，移民能够感到归属感。德国及法国的移民区原本犯罪率居高不下，当全球经济衰退来袭，那里便爆发了激烈的抗议。但截然不同的是，帕尔拉尽管失业率很高，却没有发生社会动荡，因为那里的移民觉得自己就是社会的一部分。他们从未丧失尊严。

帕尔拉模式之所以能够奏效，是因为当地政府预见到大批移民的涌入，并没有试图阻止或控制这件事情的发生，而是专注于管理新来的移民，使其为国家经济社会发展服务。要做到这一点，需要付出更多的努力。（过去几年，由于缺乏欧盟邻国的支持，西班牙移民政策的积极性有所降低。然而，民意调查显示，西班牙国民对移民保持积极心态。）

房屋数量不足或是住房成本太高，是人们无法迁移到安全城市，进行更高效生产的因素之一。这其中绝大部分原因是当地规划和分区的相关法规并不适合城市的扩建。取消分区的限制可以让住房密度更高，也可以让住宅、商务区及公共空间彼此交错，这是城市一直以来吸引他人、不断进化发展的因素之一。无数研究表明，更高的人口密度更有利于社会凝聚力和繁荣发展。然而，要获得许可，在市内盖屋造楼是比较难的，因为原本就住在这里的居民对此有抵触情绪，会对规划者施压。这意味着，只有在更为偏远，反对者声音更小的地区才能建造房屋，而不是彼此联系更为紧密、房屋需求更大的地方。这会导致城市无规则蔓生，通勤出行依赖汽车，生产力随之降低，人们无法享有高密度城市所具备的优势。例如在英格兰，每个区用于道路的土地都比住宅多。其他的限制也应该取消。例如，美国各地的市政法会对不相干人员合住的人数给出限制，但这样的规定会让低收入人群无法合住，分担开支，减少房租。

　　放松欧洲和美国各个城市的企业法和经营许可法，可以让零售、轻工业及商业服务与住房相结合。这可以大大促进生产力，帮助人们成功移民。移民城市成功的关键因素是增加地区强度，即在一块土地范围之上允许的人类活动。低强度地区会将住宅功能与其他活动隔离开，住在贫民窟的穷困居民和移民只得无望地困守于贫苦的生活中，尤其是以汽车工业为中心的北美边郊地区。与之形成鲜明对比的是像中国的香港、印度的德里、美国的曼哈顿和英国伦敦这样的高强度地区，迸发着生产的活力，充满各种机遇。巴黎的一排排建筑只有六层楼高，但其人口密度高于纽约。伦敦的诞生源于村庄的合并，不同地区之间步行即可到达。曼哈顿城市规划的网格布局则源于中国古代城市的排布，采用了各自独立的街区，短短几步路便可获得任何你想要的东西。上述两种规划方式都没有将住宅与零售或其他活动隔离开。新型的移民城市也需要将这样的区域强度纳入规划中。

　　有个地区则太晚吸取这个教训，那便是荷兰阿姆斯特丹郊外的规划城市——庇基莫米尔。这座城市在当地又被称为"庇米"（Bimmer）。20世纪60年代，这座城市最初描绘的乌托邦式规划便是一个巨大的蜂窝状网络，由31个只有居住功能的大型塔楼群组成，周围是自成一体的绿地。这些塔楼的步道如迷宫般错综复杂，缺乏公共设施，道路高出地面很多，进进出出极其不便，而地面则像环境恶劣的荒漠。当建造工程完成后，没有人想住在那里，因此庇基莫米尔沦为提供保障性住房的"收容所"，专门接收苏里南和撒哈拉沙漠以南的移民。很多人靠福利生活，却找不到逃离贫困陷阱的明确出路。庇基莫米尔很快便沦为欧洲尽人皆知的"危险区"，饱受吸毒、暴力犯罪、谋杀、贫困的荼毒。1992年，以色列航空的货机，在发生引擎故障后，折返史基普机场，途中在两幢相同的塔楼之上坠毁，造成43人遇难。这场灾难性事故引发群众抗议，人们要求将这些奇丑无比的楼房夷为平地，并对这一地区进行重新规划。

如今的"庇米"是阿姆斯特丹最具潜力的地区。塔楼不见了，取而代之的是坐落在街道上、中等高度、排布得紧紧密密的公寓楼。每座楼房配有专属的花园，零星分布着商铺和公司。新建的地铁站和自行车道将这个地区与其他城市相连。咖啡馆、政府赞助的剧院、艺术空间和博物馆纷纷涌现。政府大力宣传该地区的多文化特色，吸引了阿姆斯特丹各地的人们来体验这里的菜市场和饭馆。在城市重新规划的早期，政府对该地区的治安进行投入，建立培训体系和商业支持，帮助居民通过就业和教育脱离贫困。这样的规划确实产生了效果。第二代苏里南移民获得本科学位的比例和薪资水平与荷兰本国公民的后代相差无几。

智利建筑设计师亚力杭德罗·阿拉维纳从中受到启发，他在深刻地理解了移民者对住房的需求之后，于2003年在港口城市伊基克设计了有大量改造空间的"开源住宅"。亚力杭德罗·阿拉维纳受委托为来自农村的移民设计可以替代贫民窟的住宅。他的应对之策便是在中心地带选一块地，在那里建造最关键的基础设施（之后很难改成贫民窟），例如排水系统、水资源、电网。然后，建起混凝土基座，配上房屋的必备要件，包括屋顶、卫生间、厨房，以及供居民后期改造的空间，他们可以在经济条件允许的情况下，一点点补充。"开源住宅"要比智利平均的福利保障房小25%，但是地基更宽，居民有足够的空间进行后期的扩建。政府会给每个家庭拨款7 500美元，正好足够支付阿拉维纳的半成品模型。随着居民扩建房屋，其价值也会随之增加。一项研究发现，头两年，每套房子用于改造的平均花费为750美元，改造之后，房屋面积是原来的两倍，据估计，房屋的价值上涨到20 000美元每套。虽然，房子刚开始建造的时候，只是丑陋不堪、沉闷单调的灰色混凝土基座，不出几个月，通过涂漆、扩建，以及其他改良措施，整个街区就会变得多姿多彩。例如墨西哥的塔巴斯科州，建筑公司ICON与非营利机构New Story合作，使用巨型3D打印机建造成本合理、能抵御极端天气的防震住宅。使用3D打印机和当地生产的混凝土，仅用一天时间便可建造一套配有两个卧室的房子。这意味着，使用不同的打印设计图，花上几个月便可完成整个街区的建造。随后，家家户户可以根据自己的要求对房屋进行改造升级。

2015年，100万名难民到达德国边境，时任德国总理默克尔面临一个选择：派遣军队将其拒之门外，或者热烈欢迎难民为国内短缺劳动力注入力量。她用一句名言回应了这场危机："我们会搞定的。"德国在未来20年至少需要1 000万名适龄劳动力。通过艰巨的努力，大多数叙利亚难民在德国重新定居，他们当中很多人是本身符合移民经济条件的中产专业人士。这也导致了极右主义势力的短暂抬头。接收移民的初期阶段出现过一些失误，例如移民安置的地点。这些移民并没有被安置在已经有大量移民人口的城市和街区，而是被特意安置在房屋充裕的空置街区，例如位于前东德莱比锡市郊，共产主义时期遗留下来的已经废弃的高层建筑。那里没有就业机会，也没有找工作的希望。幸运的是，柏林移民区新克尔恩的镇长采取主动出击的策略，她十分有先见之明地预见到，很多移民会来到这里，因此开始做准备。例如，通知学校做好准备接收新学生。最努力进取的移民很快便涌入新克尔恩，那里的叙利亚移民取得了巨大的成功。他们创造的就业机会比当地人更多。2021 年，塔利班占据了阿富汗后，导致大批人迁出。62% 的德国人这样回应移民预期："我们会搞定的。"2022 年 3 月，德国果决地采取措施，欢迎来自乌克兰的难民（不论他们来自哪个国家），取消官僚制度障碍，提供免费交通，主动满足难民的其他需求。德国也在修订法律，将移民获许申请公民资格的时间大大提前，移民到德国 3 年内，如果证明能够极好地融入社会，便可以申请公民资格。

各个街区要融入更大范围的社区中。这意味着学校要保证不会因为"白人群飞"最终产生种族隔离现象。例如，在最贫困地区主动建立优质学校，以此吸引各个族群就读。但是移民者也需要自主权去管理自己的事务，处理安全问题，发展商业，寻求机遇。将权力下放给不同的族群，被视作经济与社会发展的重要催化剂。社会福利本身就与人们休戚相关。移民者需要被赋予更多自主权，成为和这个城市荣辱与共的一分子。

灵活度是城市规划发挥作用的关键。城市化迁移正在降低全球人口的增长率，因为城市居民的子女数量要少于农村居民。根据联合国预测，很大程度上，正是由于城市化的进展速度，全球人口将于 21 世纪 60 年代达到峰值。这就给我们留下了一项充满趣味的挑战：如何灵活地进行城市规划来应对不断增长、保持平稳，以及不断缩小的人口数量。同时，我们的人口结构处于变化中。例如，全球范围内，人口老龄化在不断加剧。老龄化人口对于住房交通有不一样的需求。

东京是世界上最大的超级城市，但是对于规划者而言，这个城市的重点在于本土社区，而非城市的传统格局：繁华的市中心向四周辐射，越靠外的街区就越无足轻重，不平等现象越发严重。东京的本土社区参与了城市基础设施的方方面面，包括街区的设计，通过"都市计划"保留本土社区特色，并建设当地绿化。日本的人口结构转变日益显著——超过 90 岁人口超过 200 万，成年人纸尿裤的销量已经超过了婴儿纸尿裤。东京正在建造"日常活动区"，类似于为老年人专门打造的"学区"，有点像城中村，人们通过步行便可轻易使用各种便利设施。东京虽然是超级大城市，但城市的运行方式还是以人们在社区层面的彼此互动为主。英国不断转变的人口结构也给城市带来了变化。"退休村庄"一直以来位于农村地区，现在转移到城镇中心地带，规划者利用"老年经济"为主要商业区注入活力。市中心正在建立新的老年服务项目，空置的商铺及办公楼正在重新改造。这意味着，越来越多 65 岁以上的居民，仅靠步行便可到达购物、休闲及娱乐区。北半球的各大城市一边扩建吸引年轻移民，一边也要满足老龄人口的需求。在城市的设计和规划中，适应老年人需求可以保证未来几百年城市的可持续发展。毕竟，那些参与建设的年轻移民等到年老时也可以享用这些设施。

第九章

人类世的栖身之所

　　21世纪的迁移目的地是城市。社会及经济可持续发展固然重要，但环境可持续发展也同样重要。在全球变暖的背景下，我们必须保证城市的安全性。城市的能源消耗量占全球总量的2/3，温室气体排放量占全球总量3/4。这样的状况不能继续恶化。一些城市的部分地区需要通过改造适应新的气候条件。一些城市则可能遭到废弃或是整体迁移。我们需要建造新城来接收数十亿名移民。

　　城市极易受气候变化影响，高温、海平面上升、极端天气会带来极大的破坏力。诸如混凝土这样的坚硬表面会吸收太阳的热量，高层建筑会导致空气不流通，高密度的人类活动（包括汽车引擎、加热设备、制冷设备）都会加剧所谓的城市热岛效应，即城市的温度比周围区域高。城市温度目前比周围地区高 1—2℃，而贫民窟与周围地区的温度差异至少要翻 3 倍。由于混凝土和柏油铺成的坚硬表面无法吸收雨水，因此下几场暴雨就有可能迅速导致洪涝灾害。城市的人口密度高于农村地区，这意味着更多人会受到热浪、空气污染及极端天气肆虐的影响。

　　世界范围内最容易受气候变化影响的 100 座城市中，有 99 座城市在亚洲，其中有 80 座城市在印度或中国。根据全球风险咨询公司梅普尔克罗夫特 2021 年报告，由于环境污染会影响寿命，水资源供应不断减少，热浪带来致命威胁，自然灾害频发，以及气候变化导致紧急事件，超过 400 座大城市，多达 15 亿人口处于高风险状态或极端风险状态。正如我前面解释过，如果有潮湿环境带来的附加影响，气温只要比现在略微提高，赤道地区的生存状况便会让人无法忍受。

此外，沿海城市居住着全球大约 60% 的人口，但是那里的海平面上升速度是其他地方的 4 倍。因为单单是建筑和基础设施的重量，就会导致地面陷落，从而抬高水平面的相对高度。楼房和街道纷纷沿着建筑工程所导致的地面塌陷不断下沉，进而引发洪水。过去 60 年，上海（意为"海上之城"）下沉 2.6 米，东京东部下沉 4.4 米，墨西哥城下沉 10 米，新奥尔良有一半面积已经被海水淹没，其下沉速度是海平面上升速度的 4 倍。这些城市目前都是移民流入的地区，但在不久的将来会有大量移民流出。

雅加达作为下沉速度最快的城市，每年以 25 厘米的惊人速度陷落。印度尼西亚政府已经决定将大规模移民作为解决之策，计划将首都迁至婆罗洲郁郁葱葱的小岛高处，将其命名为努山达拉。这个斥资数十亿美元的项目旨在保护雅加达市民免受巨浪侵袭，到 2050 年雅加达人口数将达到 1 600 万人。然而，这座城市的建造将耗费数十年，会对环境带来严重的后果，而雅加达拥有地球上最重要的生态系统之一。因此，雅加达市民在极端高温和火灾面前依旧束手无策。

其他城市试图用壁垒和防波堤阻挡海浪侵袭。威尼斯最初建造时，就考虑到了城中潟湖定期涨潮落潮时 45 厘米的水位差。现在威尼斯一年中有 75 次被河水部分淹没。150 年间有记载的重大洪水中，一半都是 2000 年后发生的。威尼斯政府在水下建造了可充气防洪门，涨潮时防洪门可升起将潟湖与洪水分隔。但是这个防洪门的设计仅用于应对海平面上升 20 厘米。到 2050 年，海平面上升幅度就会超过这一数值。现在威尼斯更像是一座承载历史遗迹的博物馆，而非活生生的城市。威尼斯夏季每天的游客量为 6 万人，而这个城市的人口总数为 52 000。近几十年，由于缺乏投资，洪涝灾害频繁，大批移民出逃。从 20 世纪 50 年代初开始，超过 12 万人离开威尼斯。过去 20 年，人口流出的速度变得更快了。不久的将来，威尼斯将会完完全全变成博物馆。其他负有盛名的城市，或者其中部分城市会出现相似的情况。

城市中有固定无法带走的资产，大量财富深深扎根于此，因此即便那里的住宅区面临被淹没的风险，我们仍应该加强财务方面的防御。东京、曼谷、达卡、拉各斯不会被完全遗弃。这些城市反而会得到大量的基建投资，以及更加完备的工程设施。纽约正在规划建设一个 U 形的防波堤，来保护曼哈顿下城的金融区。但是这样一来，西 57 街以北的所有居民还是有可能遭到海浪侵袭。纽约已经着手应对频繁发生的洪水。2021 年，有人在漫水的地铁站游泳，街边下水道窨井盖喷出阵阵污水。2005 年曼哈顿下了一场暴雨，有人从漫水的地铁站里游了出来，他是这样描述当时的场景的："我身旁就是一群正在逃窜的老鼠。"鹿特丹已经沉入海平面两米以下的位置，这座城市正在规划建设另一个配有浮动住宅的大型防洪体系。马尔代夫也是一座正在不断下沉的城市，其首都马累是人口密集的环形珊瑚岛，那里已经有防波堤和其他防御设施，但是也只能暂时保护这座城市。

　　哪怕是卡努特大帝[1]也无法战胜涌来的洪水[2]。所有这些命途多舛的城市中，最束手无策的就是底层的贫困人群，其中包括移民人口。城市的贫民居住在卫生条件极差的棚屋里，当极端天气出现时，农村居民纷纷涌向城市寻求安全的庇护之所，因而也会和贫民一起住在棚屋里。换言之，人们正在朝灾难涌去。城市拥有更完备的基础设施建设、更多的医疗机构，以及其他重要服务，因此通常会被视作庇护之所。孟加拉国的首都达卡是人口密度最高的城市之一。全市1 400万居民中大约有40%住在非正规聚居点，70%的居民会因为与气候变化相关的现象，不得不离开自己的家园，包括飓风以及海岸和河岸侵蚀。但达卡本身并不是"安全的避风港"。当我路过达卡的贫民窟时，可以看到漫起的污水，那里的居民给我看了水位的高度，已经可以漫过人的眼睛，洪水淹没了住宅，毁坏了屈指可数的家当。整个街区的人不得不逃到较高的路面上躲避洪水（但是由于缺少排水系统，路面也会漫水），直接睡在外面，或是睡在帐篷里。由于缺少干净的水源，卫生条件较差，那里会出现致命的介水传染疾病。

　　贫穷人口向城市迁移的过程中耗尽所有资源，往往会被困在城市里。中产阶层和富裕阶层的经济条件允许他们搬到更好的地方，但是经济条件最差和严重边缘化群体，会被困在最易受气候变化影响的地区，缺少搬离的经济基础。移民政策研究院于2018年对气候与移民的所有研究证据进行全面回顾。研究发现，气候变化带来的冲击极有

1　盎格鲁—撒克逊时期最成功的统治者，全盛时期曾统治英格兰、苏格兰、丹麦、挪威及瑞典的部分地区。

2　相传卡努特大帝曾坐在泰晤士河岸边，命令上涨的潮水不要浸没他的双腿，但是未能如愿。

可能大大减少社区居民搬迁的概率（会影响搬迁的经济基础）。但他们如果真的将迁移作为生存策略，迁移范围往往是附近地区。

我们的解决之策便是进行规划：将预料之中的移民转移到安全城市，针对风险地区制定重新安置策略，采取措施促成跨国移民。政府可以做的便是撤销对财产保险的资金支持，并回购土地。然而很多情况下，对于个体家庭的补偿和收购少得可怜。若要迁移整个社区，需要花上数十年进行规划，以保证居民能顺利开始新的生活。

有一个国家极其重视这一点，那便是基里巴斯。这个国家是一个地势低洼的珊瑚礁环岛，被赤道一分为二，主要的经济支柱是渔业和椰子产业。过去 5 000 年，从最早的南岛民族和距今最近的欧洲人，一批批外来人口在此定居，并构建了丰富多彩的文化。由于海平面上升十分危险，现在基里巴斯的所有人正在准备大规模移民。2014 年，基里巴斯总统艾诺特·汤告诉我，这个国家已经到了无法回头的地步。

基里巴斯正在率先采取行动，这也是很多其他城市和国家面临不可置信的现实时不得不采取的行动。基里巴斯已经在斐济购买领土来解救四面楚歌的本国居民，并帮助他们在其他国家开始新的生活。艾诺特·汤在 10 年前就开始了"尊严移民"项目，通过海外就业帮助人们一步步实现迁移，例如派驻医护人员到新西兰。他解释道，这个项目的目的就是避免自己的国民遇到极端天气灾害时，在大规模的人道主义迁移中沦为难民，就像波多黎各这样的岛国遇到的情况。

艾诺特·汤和我谈到，他有义务和责任来帮助本国公民克服心理层面及实际的障碍，比如离开祖祖辈辈生活的土地，告别他们的安息之所，远离耳濡目染的文化，包括他们熟悉的语言、歌曲和故事。他说："我下定决心要帮助全国人民适应即将到来的一切，这意味着应对风险，当我们国家的环境不再适宜人类生存时，我们有足够的抵御力。我们想要我国的年轻人能够有尊严地、自主地移居其他国家，因此我们在教育以及技能培训方面进行投入，让他们做好准备。"

规划是关键的一环，不仅对于新建的城市和外来的移民而言如此，对于鼓励移民从不安全的地方转移到安全城市而言也至关重要。例如在路易斯安那州，政府官员投资 4 830 万美元，将当地家庭从地势低洼的让·查尔斯岛转移到 64 千米以外的高地。这也是美国首例由联邦政府出资、由气候变化引发的社区安置计划的一部分。新西兰也推出了《有计划性撤退及气候适应法案》来重新安置个人及社区。位于加拿大的气候移民及难民项目正在绘制流离失所者进入英属哥伦比亚，以及在英属哥伦比亚内部的路线图。孟加拉国的政府机构也致力于在主要城市之外建立对移民友好的城镇，以减少达卡这样的大城市的压力。

建设韧性城市

虽然达卡、新奥尔良以及威尼斯会逐渐丧失宜居性，那里的居民会纷纷迁出，但是许多其他城市足以应对即将到来的变化，接收新增迁移劳动力，并从中获益。确切地说，由于需要向净零排放转型，所有国家都需要适应变化，即便它们受气候变化影响较小。地理位置优越的城市将会吸引成百上千万迁入的移民。他们需求复杂，需要安全、可持续的栖居之所。这些城市的环境具有极强的修复力，资源利用效率极高，将废物排放量控制到最小，也没有污染的威胁。

21世纪城市最大的风险便是极端天气。新的开发举措必须适应这些风险。如果人们为了逃离旱灾从家乡迁出，转而来到一个洪水频发的城市，这又有什么意义呢？这只不过是在用一种气候风险来交换另一种气候风险。

降雨的两极分化将会变得更加频繁。所有的城市必须适应这一点，只有这样，普通的天气事件才不会演变为滔天灾难。新奥尔良和伦敦这样的城市都有建造雨水花园。这种花园可以汇集暴雨后的积水，并将其导入地下蓄水池或是地面上的洼地，或是流到地表植被，渗透到下面的土壤。预计暴雨增幅最大的地区是高纬度地区，包括北欧及北亚。中国政府出台相关文件，到2030年，80%的城区要达到海绵城市的要求，而建设海绵城市的成本是每平方公里1亿—1.5亿元。像武汉这样的城市现在使用绿化空间、沼泽区以及地下储罐来吸收降雨，预防洪水。其他城市则是建造运河，拓宽排水系统，安装快速下水装置，使用可透气的铺路材料及路面材料。巴塞罗那正在重新建设道路表面景观，更好地吸收雨水，减少热量。再往北，瑞典的哥德堡正在从容应对增加的降雨量。比如使用新的水务管理基础设施、人工瀑布，以及雨中游乐园。雨中游乐园设计的初衷便是用降雨后的积水进行有趣的玩乐项目，包括让孩子建造游泳池、人工河以及堤坝。其他城市正在使用创新型的浮动基础设施来应对上涨的水位，包括住宅、医院以及浮动农田，这些设施会随着水位的涨落而升降。荷兰有若干浮动社区。那里的房屋通常是装配式的[1]，固定在岸上，用铁杆支撑，并与当地的排水系统和电网

---

1 传统建造方式中的很多现场作业转移到工厂进行。制作好建筑构件和配件运输到施工现场。

连接。它们的结构与陆地上的房屋较为相似，但是房屋底部并非地下室，而是一个混凝土做成的船体，可以用于平衡重量，让房屋在水中保持稳定。马尔代夫也正在规划在马累沿岸建造一个浮动社区，包括能够容下 2 万人的经济适用房，由荷兰公司水上工作室设计。每套房子下面有人工珊瑚礁以维系海洋生命，空调设施将使用从深海抽取海水作为制冷剂。免受洪水侵袭的房屋不一定非得造价昂贵，工程结构独特。孟加拉国建筑设计师玛丽娜·塔巴苏姆设计的获奖建筑以竹子作为原材料，使用平板包装[1]，房子的基底抬高，可以防洪水防暴雨。

高温是城市不得不解决的另一个严重问题。理想情况下，城市会使用"被动式"设计来提升整体的可持续性，而不是增加碳排放。本世纪制冷需求将会大幅增加，并成为社会正义的关键议题，特别在热浪期间，如果人们无法获得制冷设备，便会带来致命的风险。制冷已经使用了全球能量生产总量的 20%，预计到 2050 年使用量将翻 3 倍。2022 年春季，热浪席卷印度和巴基斯坦各地，数十万人一到上午 10 点后便无法工作。用电限制导致的断电，让人们无法使用降温或制冷设备。制冷不仅仅是热带地区的难题，那里的制冷需求已经在迅速上升，但在如今的温带地区，由于大批人口即将前往，这也同样是严重的问题。

隔热措施有助于减轻高温带来的负担，战略性地使用水资源也会起到一定作用，几百年以来建筑设计师和城市规划者使用这种方法降温。很多城市在规划建造新的运河和水文景观。2020 年，雅典中心购物区协和广场建造了一座多孔喷泉水池，相关分析显示，自

1　宜家首创的包装方式，通过增加装货量，减少运输次数，降低二氧化碳排放量。

那时起，气温降低了 4℃。屋顶花园及垂直花园能够全盘地解决高温、生物多样性缺失及极端天气的问题。虽然热带地区的各类植被是最茂盛的，但是使用诸如莎草[1]这样的植被，在北半球高纬度地区也十分有用。2004 年，芝加哥引入了新的法规和激励措施，之后在屋顶种植植被在这座城市开始盛行。市政厅有一半的面积覆盖了屋顶花园，一到夏天未经覆盖部分的温度可达到 77℃，而覆盖了屋顶花园的部分接近空气的温度，大约有 32℃。屋顶花园能够收集雨水，减少暴雨后的地表径流。

将屋顶和其他表层涂成白色也可以缓解高温。一项研究发现，夏季的下午，纯白色的屋顶可以反射 80% 的阳光，让外部温度降低大约 31℃，室内温度减少 7℃。根据研究者测算，如果屋顶保持较低的温度，可以节约 40% 的空调成本。即使在印度，那里大多数的屋顶由金属、石棉及混凝土制成，温度可达到 50℃。表层涂有石灰粉的屋顶，室内温度可减少 5℃。如果全球的屋顶都涂成白色，这种低成本方法达到的降温效果可以抵消 240 亿吨二氧化碳排放，相当于，路面车辆减少 3 亿辆，长达 20 年之久。

随着全球温度上升，白色屋顶将会在北半球纬度更高的城市发挥重要作用。同时，科学家也在继续研发反射性能更好的涂料。目前最好的涂料可以反射超过 98% 的太阳光。这是具有重大意义的，因为屋顶反射性每增加 1%，就会减少 10 瓦每平方米的太阳热量。因此在面积达 93 平方米的屋顶涂上超白涂料，可以达到 10 千瓦的制冷力，超过大多数住宅使用的中央空调。

---

1 莎草原产于非洲，又称纸草，为莎草科、莎草属多年生草本植物，广泛分布于我国北部、西北部和西南部；俄罗斯、日本、越南、印度、大西洋沿岸等地也有分布。

21世纪的避难之城不仅需要应对极端的天气状况，同时也需要缓解气候变化。平均而言，单单楼房的碳排放量就占城市碳排放总量的一半多，占巴黎、伦敦、洛杉矶这些大城市的70%。2050年的目标就是让所有楼房的能源生产和使用持平。19个城市市长，包括伦敦市长达成一致，到2030年实现这一目标。首先，使用隔热手段避免热量通过墙壁、地板、天花板渗入。同时，使用窗户减少热量摄入，并且安装具有反射功能的屋顶。对于已有房屋来说，这可能耗费很多时间。荷兰的整屋翻新造价并不低，但是可以像乐高一样将隔热板拼装起来包裹整个住宅。可用于装饰房屋的导热墙纸也是一种选择。完全脱碳意味着将原本低效的供暖及制冷系统取而代之，除了热水和照明，这种供暖和制冷系统的能耗占了整个楼房的一半。每座城市的公园、公共广场、道路、河流及运河下面，都可以安装热泵来调节建筑的温度。纽约伊萨卡小镇已经通过创新投资项目融资1亿美元，到2030年将让城市实现建筑脱碳，并创造新的就业机会。这是更多城市值得尝试的举措。

零碳的新型建筑更容易进行高效的设计。21世纪城市的快速扩张是创新的绝佳机会。墨尔本的像素大厦于2011年开放，通过一块块电池板控制进入楼房内的光照，楼房上的智能窗户在夏天晚上可以起到散热的作用，同时让新鲜空气进入房屋内。屋顶上配有太阳能电池板和风涡轮发电机，能够产生可再生能源。加拿大的第一座碳中和建筑位于安大略省的滑铁卢，那里有太阳能墙，其中三层楼上都有绿色植生墙，可以抵消碳排放。智能的感热感光材料及配件会成为建筑物的标配，例如，建筑的"皮肤"在一天最热的时候能够遮光，在气温较低时，让阳光照射进来。还有通过脚步走路就可以发电的地板，以及将水资源流失降到最小的雨水系统。

扩建移民城市的新型建筑可能是装配式并且模块化的，随着城市的人口结构发生变化，尤其到 21 世纪末，原本无法住人的城市会恢复居住功能，因此这样的房屋建造简便，并且可以灵活地循环使用。这些装配式楼房会使用有机材料，例如竹子和快速生长的软质木。这些材料经过特殊设计，和更硬的材质一样强韧耐用。用木材建造能够锁定碳，这与混凝土和钢铁形成对比，这两种材料共占全球排放的 13%。一项研究发现，使用木材建造 120 米高的摩天大楼可以减少 75% 的建筑碳排放。木材更轻便，建造速度更快，功能更齐全。现在全球各地，从挪威到新西兰都在建造木质的摩天大厦，又称为夹板层大厦。大厦采用正交胶合木，用防火胶粘合在一起，强度和结构钢一样，但是耐火等级更高（钢材遇火会弯曲，甚至熔化）。大多数新型建筑有五六层楼高，是用正交胶合木制成的配件构成，材质十分轻盈。这样街道上几天之内便可平地起高楼。法国政府宣布，所有新型公共建筑至少有 50% 必须用木材建造。瑞典的斯凯勒夫特镇有木结构的学校、桥梁、摩天大楼、酒店，甚至停车场。

一些公司已经开始建造装配式的木结构建筑群，用卡车可以运送配件，并且快速安装。例如，宜家下属的设计公司布克洛克（BoKlok）会建造拥有太阳能电池板并且能够自给自足的房屋。运送组装式房屋的妙处在于，如有必要，房屋可以运送到别处，得到重新安置。大规模迁移的居住条件是不断变化的，因此这样的住房是很受用的。

政府政策对于促进低碳转型至关重要，包括碳定价激励措施以及取消化石燃料补贴。如今的建造行业污染度极高。建造新城需要使用低碳、无水泥的混凝土。钢材的制造使用电弧炉，而不是通过燃烧。石墨烯混凝土是一种经石墨烯加强的混凝土，它的强度可以减少使用 30% 的材料，并且不需要钢材加固，可以大大减少排放。

由于越来越多的人居住的环境不甚理想，针对这一现象，城市要有额外的举措。正如在气候最干燥的城市，我们需要对水资源进行循环利用、清洁、储存、重复使用。建筑必须能够产生能源，防止能源流失，可供藤蔓植物攀爬，可供昆虫、鸟类、微生物生存，让居住者免受高温及暴雨的威胁。城市的居住空间意味着密集的公寓、私人阳台、屋顶花园及院子，以及共享的户外空间。城市景观包括水资源管理及水资源储存，池塘、运河，以及社交空间。主要的交通方式是步行和骑车，例如电动载货自行车和电动三轮车。这对于北美城市是一项特别的挑战。那里楼层较低，不断蔓延扩张，汽车是主要的交通工具。但是由于数亿移民需要新的住房，这些城市可以借此机会建造高密度、交通便利的社区。由于通行距离更长，载重量更大，我们需要供能更足的交通工具，比如电动车，共享交通工具或租借交通工具。公共交通必须价格低廉，班次频繁，用电力供能。

悲剧的是，热带地区的很多城市由于气候条件过于极端，无法做出适应性调整。为了更好地利用气候变化适应的专项资金，这笔钱未来将被投入其他领域。正如艾诺特·汤总统总结的，我们应当对教育进行投入，这样人们更容易在新城市获得就业机会。政府则可以去其他地方协商土地购买及租借事宜。

培训对农村地区移民来说尤其重要，这个群体可能会沦落到沿街乞讨或深陷贫困的地步，因为他们没有在城市好好发展的必备技能。孟加拉国正在开展再培训项目。年纪较长的农村居民正在努力适应气候变化，比如转而种植耐盐性水稻，进行虾类养殖，而不是种植蔬菜。年轻居民正在进行"次级适应",接受量身定制的教育,这样他们可以更好地在城市发展。政府正在着手将人们重新安置在城镇,并给予他们更好的保护。

不久以后,人口结构将发生巨大变化的北半球城市,将会进行移民抢夺大战。那些提供就业、教育以及保障性住房的城市将会成为受益者。拥有职业资格的移民需要以较低的经济成本完成大学学业,获得培训认可。但是,一个来自阿富汗喀布尔的工程师,如果在美国德鲁斯[1]一边做出租车司机,一边半工半读获得职业资格认证,便无法负担高昂的住房开支。中等规模城市或二线城市由于住房及大学教育成本较低,存在劳工短缺,将会得益于移民的流入。这就是很多移民涌入的地方,与此同时,移民迁入的城市由于人口增加,人才支撑更为雄厚,城市规模及重要性都在不断增加。

吸引移民的就业机会往往是不受城市地理位置限制的增长型行业,例如生物科技和数据管理(与农业和采矿业不同)。由于疫情,一些新晋的"气候庇护所"城市已经在没有规划的情况下有人口流入。2020 年,几乎有 11 000 人迁入佛蒙特州,那里原本人口数为 624 000 人,移民涌入后增加了 1.5%。有些对气候移民持怀疑态度的人称:"这里没有就业机会,人们没有移民动机。"

佛蒙特州自然资源委员会的可持续社区项目经理凯特·麦卡锡说:"随着疫情的到来,人们能看到两件事情。首先,你不一定需要来找工作,你可以带着工作过来。其次,我们不知道明年到底会发生什么。"

2019 年,包括洛杉矶、布里斯托和坎帕拉[2]在内的 10 个城市联

1　美国明尼苏达州港口城市。

2　乌干达首都。

合组建了市长移民委员会，帮助市领导应对当地因气候变化引发的城市迁移，让城市本身及新来的移民者双双受益。不同的城市会采取截然不同的措施。加拿大某些地方的气候移民及难民项目，正在绘制英属哥伦比亚境内移民以及从外部迁入移民的迁移路线，以便提供切实有效的应对建议。对于其他地区而言，应对气候变化的变革性措施意味着重新设计住房及交通系统，保障各种各样的就业机会，以此保证移民者获得平等的待遇，孟加拉国的案例就是如此。蒙格拉是孟加拉国二线的港口城市，正在准备接收来自农村地区的气候移民。单单2020年，有大约400万孟加拉国国民因为极端天气被迫离开自己的家园。气候移民会给蒙格拉这样的城市带来经济复兴的良机。达卡政府试图解决当地贫民窟日益严重的人口拥挤问题，而气候移民恰恰为这座城市带来了新的教育设施、住房及就业机会。

阿拉斯加的安克雷奇市正在制定新的移民政策，当地人意识到，气候移民在各种冲击压力之下幸免于难，练就了独特的技能。那里大多数的移民来自菲律宾及其他亚洲国家，有10%来自墨西哥。安克雷奇市的第一夫人玛拉·坎摩尔就是移民律师，她相信移民本身就怀有特殊才能，可以推动城市变革，为接收他们的城市带来极大的益处。安克雷奇市正在通过各种举措大大提升城市的包容度，比如开设语言项目，一视同仁地为移民提供交通设施，使其与住房资源及工作机会进行链接，为初来乍到的移民匹配与自身技能相吻合的工作机会。

英国埃克塞特大学人文地理教授尼尔·阿杰对全球范围内的移民城市进行研究，观察人们对城市产生归属感的过程。他说："移民涌入而不断扩大的城市，是否能可持续地长久发展，完全取决于移民是否能快速有效地融入新的城市。"受到欢迎接纳的移民往往会对所在地有极高的忠诚度，有助于提升全社会的凝聚力。美国 2019 年的研究发现，移民者及其后代的爱国程度不会亚于，甚至会超过出生于美国的公民，他们对于美国政府的信任度也会更高。研究者总结称："移民会大大增强爱国主义情怀以及公民对政府机构的信任度。"有无数例子可以证明这一点。出生于爱尔兰的法国移民塞缪尔·贝克特[1]因为二战时参与法国抵抗德国占领的英勇举动而被授予十字勋章。英国的诸多领导人都是第一代或第二代移民，比如英国前首相鲍里斯·约翰逊，时任英国首相里希·苏纳克，内政大臣普丽蒂·帕特尔，以及伦敦市长萨迪克·汗。社会改革家托马斯·潘恩也是出生于英国的美国移民，他撰写的小册子《常识》成为美国 1776 年宣布独立的精神灯塔。

如今，每 7 个人中就有一个是移民，这些移民中只有 20% 跨越了国境。但是未来几十年，当人们集中聚居到尚未丧失居住功能的地区，这群人的数量会急剧上升。而地球余下没有住人的区域将会成为其他资源的供给地，最迫在眉睫的便是食物。

---

1 爱尔兰作家，创作的领域主要有戏剧、小说和诗歌，尤以戏剧成就最高。他是荒诞派戏剧的重要代表人物。

第十章

食物

　　大规模迁移的最严峻挑战之一，就是为搬迁后的移民提供食物。根据联合国测算，到 2050 年粮食产量需提高 80%，才能为新增的 20 亿城市居民提供足够的食物。

　　但是气候变化的影响以及环境恶化，意味着目前的很多农耕区以后将会无法进行农业生产。现在全球 15% 的二氧化碳排放及生物多样性加速流失都是由农业生产造成的，我们需要在粮食生产方式上改弦易辙，提高粮食生产的效率，减少环境破坏。我们需要在温度更高、水资源供应不稳定地区依旧保证农作物的顺利生长。换句话说，我们需要改进并优化南半球地区的粮食生产，为迁移到北半球高纬度地区的居民源源不断地供应更多粮食。

　　每个人平均每天需要摄入 2 350 千卡的能量。全球范围内种植的粮食足以让每人每天消耗 5 940 千卡。但是，多达 35% 的粮食被我们白白浪费了。1/3 的粮食用于牲畜家禽的饲养，其中土地及能量的使用效率都极低。剩下可供人类消耗的能量为每人 2530 千卡，仍然超出了人均需求量。但是这些能量肯定没有公平分配。很多人没有足够的经济条件或是自己不愿意选择健康的饮食方式。全球各地在农业生产及营养获取方面仍存在巨大差异。北美洲提供的食物能量是需求量的 8 倍。撒哈拉以南的非洲地区提供的食物能量只有需求量的 1.5 倍。全球范围内，大约 8.5 亿人饱受饥馑之苦，并且这些人的数目还在增加，与此同时超重及肥胖症患者是这个数值的两倍多。

如今，人类已经使用的土地生物生产力超过了总量的 1/4，几十年后，将会达到一半。全球 80% 以上的农业土地用于牲口饲养，其耗水量占总量的 1/3。这给大自然带来了严重破坏。目前，人类或牲畜占地球所有哺乳动物的 96%（按重量计算）。只有 3% 是野生动物。过去 25 年，飞行昆虫及鸟类数量大量下降。可以说，农业生产是造成这一现象的主要原因。热带雨林的砍伐速度达到了每分钟 12 公顷。

鱼类作为人类大量捕杀的最后一种野生生物，面临巨大的压力。全球有 90% 的鱼类资源已经被完全捕捞甚至过度捕捞。拥有政府补贴的大批底拖网渔船将海洋生物扫荡一空，大面积的海床犹如沙漠一般了无生气。很多个体渔民的捕捞方式对环境是友好的，但是大规模捕捞作业的盛行，让这批人的生存空间越来越狭小。人类每年全球范围内的鱼类捕捞量为八千万吨，另外还有八千万吨的水产养殖量。以我们目前消耗鱼类资源的速度，不出数十年，我们就无法食用野生鱼类。不幸的是，如今我们养殖鱼类的方式也是难以为继的。在养殖过程中，我们使用了大量抗生素，并且需要大量野生鱼类、玉米、大豆作为饲料。

自农业大约于一万年前诞生，一直到如今的人类世，我们最终的境地是环境与粮食生产之间产生无法调和的矛盾，不能可持续地共存。从 1820 年到 1850 年 30 年间，人口数量突破 10 亿人，据估计，美洲、非洲、亚洲有 60 万平方千米的土地用于农业种植，加在一起相当于欧洲的面积。1850 年到 2000 年，全球人口数量翻了 5 倍，这得益于绿色革命的各种现代农业技术，包括高产小麦与水稻品种、化学肥料的使用，以及抽水灌溉系统。

如今，全球人口再增加 10 亿人仅需要 13 年时间。人类似乎已经完全战胜自然。但是，我们也将地球从有利于农业发展的全新世推向另一个时代，一个更为炎热的新世界，淡水资源有限，气候变幻莫测，人口大幅增加，最优质的土地资源已经被侵占。即使拥有现代农业技术，地球资源能够供养的人数依然有限。目前，地球的人口容纳量大约为 90 亿人。但是，有科研人员发出警告，当全球温度上升 4℃，由于气候变化会对农作物及水资源供应带来影响，导致极端天气，海平面上升，海洋酸化，全球人口容纳量只有 10 亿人。

这是一记引人深思的警钟。因此，我们需要大大改变粮食供应的方式。

如今，全球 4/5 的无冰区用于粮食种植。在所有 30 万种可食用植物中，我们仅需要其中的 17 种植物来维持 90% 的日常膳食。这其中大部分便是单一栽培的谷物，这类种植方式会耗尽地下蓄水层的水资源以及土壤养分，减少传粉昆虫等各种昆虫的数量，并对水路航道造成污染。食物的创造过程必然会涉及以不人道的方式对待动物，也会让人深陷绝望和贫穷，甚至让农民有轻生的念头。

未来几十年，气候变化会对如今的产粮区造成影响，与之相比，上述的所有问题都相形见绌。最近一项研究发现，气候变化数十年来，粮食生产一直遭到制约。过去 60 年，由此造成的粮食产量损失达 21%，相当于 7 年累计的生产力增幅。过去 40 年，受旱灾影响的地区比重翻了两倍多，影响人数超过了任何其他的自然灾害，其中大多数都是农业种植者。全球范围内，旱灾严重影响了每个大洲的粮食生产，包括美国 80% 的农业用地。到目前为止，缓解旱灾影响的主要方式就是从蓄水层抽水灌溉，但这已经造成蓄水层逐渐干涸。

这会带来深远的影响。印度已经在过去几十年大幅扩大农作物灌溉，主要方式就是抽取地下水，由于水会通过蒸发在其他地区形成降雨，因而抽水灌溉会导致局部气候变化。非洲东部大约40%的降雨是由印度不可持续地抽取地下水带来的。这样"馈赠"让埃塞俄比亚的农民能够将粮食生产扩大到其他地区。但如果印度的蓄水层在接下来5—20年完全干涸，这对非洲东部的农业种植者也将造成灾难性的后果。

2021年的分析报告表明，本世纪气候变化将对1/3的全球粮食生产造成威胁。如果全球气温上升2℃，全球面临饥荒的人口将会增加1.89亿人。如果全球气温上升4℃，其影响之恶劣将会翻10倍，饥荒人数将会增加18亿人。一项研究发现，全球气温每上升1℃，单单美国的玉米产量便会损失10%，此外全球小麦、大豆、水稻产量也会下降。有些研究者认为，这种估算过于保守，因为气温上升导致农作物病虫害增加，每升温1℃，粮食产量损失就会增加25%。单单2020年，全球大约有20%的土地受蝗虫灾害影响，其影响会波及非洲之角、阿拉伯半岛以及印度次大陆。这些面积广袤的地区有2 400万人的粮食无法得到保障，有800万人在境内流离失所。

海洋作为调节气候变化的缓冲带功能也将遭到冲击。海洋热浪改变了海底生态系统，热带鱼类已经转而将温带海藻森林作为栖息地。原本作为鱼类"育婴场"的珊瑚礁也因为高温遭到破坏。如果全球气温上升4℃，海洋热浪的发生频率将会增加至原来的41倍，平均持续时间将达到一年的1/3，涉及的海域面积将会是现在的22倍。一项研究预测，升温4℃的情况下，很多热带海洋生态区将会变成死亡区，因为届时海洋温度将会超过所有物种热耐受力上限。其中最早受到影响，且影响最严重的地区之一便是环绕南极洲的高产海域——南冰洋。90% 的区域会因为酸度过高而不适宜造礁类生物生存，包括珊瑚以及很多浮游类生物。而它们恰恰是海底食物链的基础。如果我们将其他海水温度及碳浓度升高的效应考虑在内，后果则会更加严重，比如水母及有害藻类的大量繁殖。海洋碳汇的容量会减少。海洋表层水及深层水的重要循环圈也会被打破，这对于营养物质循环及碳储存非常重要。海洋生物多样性会彻底丧失，还会波及渔业的发展。

人类亟须一场关于食物的大变革

考虑到 22 世纪人类将面临土地、粮食及人口方面的限制，我们需要大大减少浪费，即使我们只削减一半的粮食浪费，全球粮食供应量将会增加 20%。我们可以通过基础设施投入，减少南部国家的粮食浪费，比如优化道路，减少路程耗费的时间，使用效率更高的技术、更先进的冷藏手段、经过封装及干燥的容器。我永远不会忘记在乌干达经历的极其荒诞又让人心痛的一幕。乌干达北部暴发旱灾，当地村民面黄肌瘦、饥肠辘辘，而乌干达的南部，还未采集的水果蔬菜正在腐烂。这一切都是因为两地缺少像样的道路，不能彼此联通，不能及时地互通有无。南部的农民担心农产品还未来得及运送到市场就已经腐烂，因此白白承担交通费用。与此同时，美国国际开发署正在向乌干达北部运送救援物资，救助当地在饥荒边缘徘徊的村民。

对此，我们有解决之策。研究人员正在开发一种利用可再生能源的技术手段，将空气压缩成液体，用于低成本的制冷设备（空调设备）。这可以大大减少易腐烂食物的浪费。很多农民没有谷仓储存干燥的粮食，潮湿的谷物容易滋生有毒的霉菌。根据估算，建造 100 万间谷仓、300 间中等规模仓库，以及 100 间大规模仓库需要花费 400 万美元，但可以让撒哈拉以南非洲地区减少 40% 的粮食损失。

发达国家则需要改变饮食文化，需要吃什么才买什么。食物浪费的部分原因是有些食物价格很低，因而人们不再爱惜。丹麦在 2010 年到 2015 年 5 年间采取一系列措施减少了 25% 的食物浪费。例如，调整超市对易腐烂食物的团购折扣，鼓励人们去饭店用餐后使用专用袋将剩饭剩菜带回家，优化调整食物的最佳使用日期。丹麦接下来的目标是在 2030 年之前减少 25% 的食物浪费。与其将吃剩的食物直接送至垃圾填埋或是用作肥料，更明智的选择将其用作喂养像蝇蛆这样的昆虫幼虫。这些幼虫可以当作鱼类养殖的饲料，甚至直接当作人类食物的用料。蛆类富含 40% 的高蛋白和 30% 的脂肪，因而在汉堡、蛋糕、冰激凌这样的加工食品中，可作为其他动物制品的替代品。

由于农业用地有限，到目前为止，最有效以及最有力的变革措施便是采用以植物为主的膳食模式，而将肉类及乳制品作为高价奢侈品。这样的举措可以立刻解放 75% 的农业用地，大幅减少碳排放和氮污染。对发达国家而言，农业养殖是污染度最高的产业，甚至超过了石油企业带来的污染。农业仅占 GDP 的 0.7%，但制造了 11% 的碳排放。我们只需要用其他食物替代日常饮食的肉类，便可以减少 70% 与食物生产相关的温室气体排放。能够快速达成这一目标的方法之一，便是对肉类进行碳定价，正如我们对煤炭进行碳定价一样。并不是说人类需要完全不吃肉，牲畜仍是农业的一部分，但是，我们需要大大减少养殖动物的数量，并采取散养方式，用牧草搭配海藻作为饲料，减少牲畜释放的甲烷气体。像非养殖鱼类及牛乳制品的定价会依据是否易得以及对环境的影响，因此在大部分地区，大多数人很少食用这类食物，就像现在的鱼子酱和猎禽一样。毕竟，如果要保证驯养牲畜的规模接近如今的水平，我们需要大量牧草区和资源，但是这些东西将来会变得稀缺。

然而，这并非意味着人类的饮食条件变得十分艰苦，抑或人类被剥夺享有美食的权利，因为即使没有动物制品，人类的营养需求仍可以被轻易地完全满足，人类还是有大量替代品让自己的味觉得到充分的慰藉。但是这会大大减少对环境的破坏。

食物的转型已经初现端倪。我们已经有大量的肉类替代品，特别是加工食品，由植物及菌类蛋白制成，例如坚果、大豆、豌豆。大豆的生长季节较长，需要温暖的环境，因此很难在北部地区正常生长。但是几十年后，北欧及加拿大的大部分地区可以支持这类作物生长。豌豆已经可以在零下2℃的环境里存活，因此人类向北迁移并不会限制农业进一步发展肉类替代品。各色各类的植物奶制品正在颠覆全球牲畜市场。这个市场每年产值达1.2万亿美元，但是会收到1 000亿美元的肉制品及乳制品补贴。一旦这些补贴逐渐减少直至消失，针对肉类及乳制品替代品的投资就会骤然增加。Impossible Foods的首席执行官帕特·布朗正在制定雄心勃勃的目标，希望能在2035年前终结工业性肉类饲养以及深海鱼类捕捞。如果我们不这么做，那么根据世界资源研究所测算，到2050年，我们另外还需要6亿公顷的农田和草场，才能继续支撑现有的肉类及乳制品消费，而这些农田和草场比欧盟国家的总面积还多。换言之，我们没有任何退路。

食品生产商正在运用生物科技生产和牛肉一样带有血水的"人造肉"。素食汉堡就是用大豆蛋白和酵母制成的。这两种原料与转基因技术相结合便可产生豆血红蛋白。这是一种像血红蛋白一样可携带铁元素的分子，可以让"人造肉"和真肉一样带有血水。但是，肉制品最为人称道的是品尝时的滋味以及美拉德反应所带来的香气。美拉德反应是食物烹饪过程中，氨基酸和糖类混合后产生的褐变反应。但是现在已经证实，用植物分子也可以复刻这个过程。对于肉制品爱好者而言，不出 10 年，新一代的"人造肉"将会走出实验室进入大众消费者的视野。因为"人造肉"行业的投入在不断加大，仅 2020 年就翻了 6 倍。

"人造肉"是用肌肉干细胞和脂肪细胞制成的。肌肉干细胞会自己分裂，脂肪细胞则呈链条状分布，可以层层包裹，自如伸缩。这两种细胞在培养皿中结合直至"人造肉"慢慢形成。"人造肉"培育行业的优势是实验室可以建在任何地方，因此可以给其他城市带来大量的就业机会。包括谷歌公司联合创始人谢尔盖·布林在内的诸多投资人，都在大规模生物培养器上投入资金，希望能够生产一批价格低廉、市场欢迎度高、同时能大大压缩生态成本的"人造肉"。根据 2021 年的研究，美国和英国大约有 80% 的民众更倾向于食用在工厂生产"人造肉"，而非传统农场饲养的肉类。研究者得出结论，实验室培育的肉制品很有可能得到公众的广泛接受，虽然由于巨额的能耗成本，这种肉制品可能会被当成奢侈品。

美国的肉制品到 2025 年便会达到峰值。波士顿咨询公司的研究人员最近发布了一项报告，15 年之内，利用细胞技术培育的肉制品将会崛起，这不仅会对美国传统的牛肉行业带来严重的经济损失，同时连种植大豆及玉米作为牲畜饲料的必要性也没有了。这份报告预测，到 2035 年，随着传统牲畜驯养业的没落，占美国陆地面积 1/4 的土地资源可以得到解放，用作其他用途。当全球温度上升，很多区域无法种植粮食，这种高效利用土地资源的方式有助于供养不断增加的人口。

鱼类养殖在未来几十年将继续占据重要地位，但是我们必须改良如今存在重大弊端的养殖方法。开放式鲑鱼养殖场会消耗大量作为饲料的野生鱼类，排出大量废物，鱼虱会造成严重感染，部分鲑鱼会逃离养殖场，甚至对自然生态系统造成污染。现在大西洋的养殖鲑鱼要比野生鲑鱼多。陆地鱼类饲养可以解决这些问题。我们可以使用循环水产养殖体系，控制鱼缸的水温，定期注水抽水，使用昆虫作为主要的饲料。美国缅因州的贝尔法斯特和巴克斯波特这两个城市，正在建立新的养殖体系，这或许也可以振兴正在扩大的北半球移民城市。陆地鱼类养殖场可以建在多层高楼的任何位置，虽然能源成本高，但是可再生能源可以解决这一问题。虽然这种养殖鱼类价格昂贵，但是正如我们刚刚谈及，如果未来几十年，人类要可持续发展，鱼类及动物制品只是日常饮食的零星点缀，而非重要组成部分。

对气候变化影响最小的肉类来自昆虫，目前有 130 个国家的 20 亿人食用这种肉类。胭脂红色素是一种出现在香肠、糕点、酸奶及果汁中的红色食用色素，如果你吃过任何含有胭脂红色素的食物，这就和直接食用胭脂红虫相差无几。这种昆虫出现在秘鲁，以仙人掌为食。胭脂红虫饲养业每年的产值达 3 800 万美元，可以维持 32 000 位农民的生计。昆虫养殖业拥有巨大的潜力，昆虫不仅可以作为可持续的动物饲料，也可以补充人类的膳食结构，还可以产出肥料、药材这样的副产品。昆虫繁殖基数大，但无须占用大面积土地，耗费大量水资源及饲料。事实上，我们可以利用污水这样的废物作为昆虫饲料。这是闭环循环经济的典范。

一般的家畜只能将 10% 的摄入热量转换为肉和乳制品，25% 的摄入热量转换为蛋白质。但是蟋蟀和黑水虻生产等量蛋白质所需的饲料是牛的 1/6，羊的 1/4，猪和鸡的 1/2。昆虫体重增加的速度极其惊人，部分原因是冷血动物无须调节身体温度，因而相应能耗较少。昆虫饲养可以作为养殖鱼类的饲料，提供高质量、富含蛋白质的替代品，取代现在不可持续的野生鱼类蛋白质。昆虫如果作为家畜的饲料，其使用效率也超过粮食。现在每年生产一吨大豆需要一公顷土地。同样面积的土地可以生产 150 吨昆虫蛋白质。过去 5 年，昆虫养殖行业吸引了大量投资者，希望能颠覆价值高达 4 000 亿美元的全球动物饲料市场。

由于移民人口集中在北半球城市，昆虫则会成为用途最广泛、最适宜养殖的动物。黑水虻幼虫的养殖地可以是城市附近的多层楼房及地下室，还能利用城市排放的废物及污水。黑水虻具有食用价值，用黑水虻幼虫磨成的粉状物富含蛋白质、重要脂肪，以及铁和维生素这样的微量营养素，是名副其实的超级食物。到本世纪中叶，黑水虻会成为全球 90 亿人口重要的蛋白质及脂肪来源。

如果有恰当的助推措施，未来 10 年，大多数人无须刻意努力，或者有意识地做决策，便可自然过渡到以素食为主的膳食方式。一项研究表明，如果一份菜单 75% 的菜品都是素食，哪怕经常吃肉的人往往也会点素菜。我自己并不是严格的素食主义者，但我主要吃的还是以蔬菜水果为主的食物，我用植物油替代黄油，用燕麦奶泡麦片粥。我吃肉或食用乳制品的大多数情况是下馆子点菜，无须自己做饭的时候。这是难得的享受。我想表达的是，对我而言，日常饮食以素菜为主并不是艰难的决定。对你而言，亦是如此。

人们的饮食将会以植物、菌类、海藻为主，因为这样才能最高效地保证 90 亿人的温饱。由于旱灾时有发生，海平面上升，极端天气频发，过高的气温让人们无法在田地里耕种，农田供应压力较大，我们需要从全新世的食物生产模式转变为人类世的食物生产模式。例如，我们需要将海洋作为食物供应的来源。这不是指过度捕捞，耗尽鱼类资源。比如，我们可以在沿海城市附近的水域养殖贻贝。光合作用生成的海生植物及海藻是人类可获得的最环保的食物，在不久的将来可能会成为一种主流食品。

海草是海洋中生长的唯一的开花植物。海草的种子具有食用价值，几百年来一直是当地人的食物，但是最近一段时间才成为欧洲厨师的食材。海藻种子营养价值高，没有谷蛋白，富含欧米伽 -6 及欧米伽 -9 脂肪酸。每颗种子的蛋白质含量比水稻高 50%，无须淡水或化肥便可种植。种植这种"海洋水稻"可以拓展农业种植空间，原本由于海平面上升而无法进行传统水稻种植的地区也不会遭受限制，比如孟加拉国。一些东南亚地区的海草种子大小如坚果一般。海草的另一个功能便是防止海岸侵蚀。海草是各种海洋生物的栖息地，也能发挥碳捕捉功能。海草的储碳速度是热带雨林的 36 倍，每年可吸收海洋中 10% 的二氧化碳，尽管占地只有海床的 0.2%。

海藻，不管是长在海底的海草，还是浮游藻类（比如工业废水中的螺旋藻）都拥有极高的营养价值，其蛋白质含量是肉类的两倍。海藻生长速度极快，可以吸收二氧化碳，但是不同于其他农作物，海藻无须占用珍贵的土地资源。加州及英国已经开始种植用于食物供应与生物燃料的海藻林。有些海藻林会使用水下无人机进行打理。北半球沿海地区也可以进行海藻林种植，这对于移民者而言是一个全新的产业，同时也是宝贵的食物。微生藻类可以在地球的任何角落进行种植，包括沙漠及地下。海藻经过干燥处理后，可以添加到各种食物中，包括面包和奶昔。海藻还可以用于改善营养不良或用作动物饲料，包括鱼类饲养。经过特殊培养的细菌可以用于高效地生产与肉类毫无差异的蛋白质与脂肪。这个生产过程的碳足迹很小，几乎不使用任何资源。有些氢氧化细菌被专门用于吸收水和二氧化碳（无须光合作用中的阳光）。

全新世的种植意味着砍伐森林，留出光秃秃的大地，然后播撒种子，让阳光雨露发挥魔术般的作用。但我们需要突破这种技术限制。在池塘和湖泊表面培育藻丛，在浮动平台及沼泽地种植粮食，这些都能为城市的食物供应做贡献。城市也需要自己助力食物生产，比如利用屋顶菜地及垂直农场，还可以起到降温及净化空气的作用。沙漠也可以发挥一定作用，如果有封闭的、自给自足的温室体系，能够完成空气循环和水循环，用阳光提供能量。这种技术已经在澳大利亚和约旦开始应用，以后或许可以支持宜居区人们的温饱。比如中国北部，如果不使用这项技术，那里的居民会因为农田沙漠化面临不得不迁移的境地。石墨烯这样的新材料以及更高效的海水淡化技术可以优化太阳能闭环农业。

在加拿大及巴塔哥尼亚这样的国家，农业生产需要在高纬度地区进行，因为热带地区的温度太高，不适合农业生产者劳作。大多数极地地区的土壤贫瘠，而且是石质土，农业种植不太可能有高产量。然而一项研究发现，如果气温上升4℃，目前的北部地区有3/4的区域适合农业种植。未来可耕种区域会向北移动1200千米，由此多出1500万平方千米的可耕种土地，农业生产会转移到加拿大北极地区、阿拉斯加、西伯利亚及斯堪的纳维亚半岛（相当于欧盟国家和美国面积总和）。砍伐已有的北方针叶林，开垦永冻土层和苔原，然后播种谷物绝非上佳之策。我们要将农业生产集中于加拿大西部的草原，并扩大北欧国家和俄罗斯的已有农业区，特别是靠近北冰洋的温带地区。

这有可能会改写世界地缘政治格局。很多农业生产大国，比如美国和巴西将面临农业生产力大幅削减的局面。同时，俄罗斯作为世界上最大的小麦出口国，随着气候条件改善，其农业主导地位将进一步提升。

将农业进一步北移意味着要解决阳光照射变少的问题，尤其在冬天。因为这里也是人类的迁移安置地，农业生产将会和城市人口竞争土地和水资源。然而，有大量研究表明，如果使用发光二极管（LED）释放人造光，且光频与光合作用完全一致，农作物也可以生长。这意味着我们可以在冬季种植蔬菜这样的农作物。如有必要，我们可以用水培法在更小的空间种植，比如在仓库进行密集种植，甚至使用可再生能源提供光照，在地下种植农作物。这样，我们可以留出珍贵的土地资源用作其他用途。采用转基因微生物以及化学原料的室内工业体系可以为不断增加的人口提供蛋白质、脂肪，以及其他重要的营养成分。而传统的农地种植可以为农产品带去额外的质感及口味。

放眼世界，在印度和泰国这样的国家，由于湿灯泡温度已经达到极其危险的程度，农业生产者将无法正常生活和劳作。但是只要水资源充足，当地的农业生产依旧可行。我们可以使用遥控机器人进行农业生产，也可以使用无人机播种，还可以使用人工智能的机器设备用于农业生产、日常维护及农业收成。科罗拉多部分地区已经开始试点使用无人机进行家畜养殖。对于以农业为支柱产业的经济体而言，农业生产者无法亲自到农地劳作会是万万不可的。几十亿人的生活与生计，以及人们的身份认同都和土地捆绑在一起。这对粮食供应也会带来严重影响。当二氧化碳排放不断增加，全球温度不断上升，眼前最迫切的事情就是为人类迁移及粮食生产转移做足规划。这意味着，如果一个地方的耕种条件极其恶劣，那么效率就至关重要，哪怕是一亩三分地，也有重要意义。

现代农业尽管有种种弊病，却大大提高了产量。如果使用60年前的方法进行农业生产，要保证相同的全球粮食产量，我们需要的农田是现在的2.5倍。本世纪的粮食生产需要有更高的单位效率及工业化水平，但不能过度使用化肥和水资源。这意味着我们要缩小农业生产潜在产量与实际产量之间的差距。撒哈拉以南非洲地区的产量差距可达到81%。加拿大玉米的潜在产量为8吨每公顷，但实际产量只有1.5吨每公顷。即使在美国，产量差距可达40%—50%。到目前为止，缩小产量差距的主要手段还是对单一栽培的作物使用更多水资源、化肥、杀虫剂及杀真菌剂。这对于化肥使用不足地区有重要作用，比如撒哈拉以南非洲地区。但是过度使用化肥会对生态系统造成危害，而且产量增加带来的益处不会持续太久，因为土壤的养分很快会被耗尽。这其中的部分原因是土壤含有大量微生物，能够以诸多出其不意的方式促进作物生长，比如让作物与作物之间进行养分交换，以及让作物在最佳时间吸收所需营养成分。高强度的耕种以及使用抗菌化学物质会破坏土壤中珍贵的生态系统，减少产量。

农业种植将会变得集约化且智能化。例如，种植前使用微生物对种子进行预处理可以增加产量，尤其当旱灾发生时。科研人员也在开发新的作物，比如可以全年生长的谷物。这样无须每年重新开垦土地，并且重新播种，能够保持土壤的完整性和肥沃程度，减少碳排放。在农作物旁种植三叶草这样的野生花草，会改善传粉昆虫的生存状况，也会提升产量。

在温度升高的全新世进行农业种植，意味着通过杂交及转基因筛选出耐高温、抗旱、耐盐的作物品种。如果我们培育出一种作物，它的根茎能和豆科作物一样自造氮元素，这就意味着我们需要使用更少的化肥。基因研究可以培育出温室气体排放更少、用水量更少的农作物。或许未来某一天，基因研究可以帮助农民培育出光合作用效能更高的水稻及其他谷物。这样面积相同的土地上可以种植更多作物。如果科研人员可以培育出光合作用效能和玉米及甘蔗一样的主要谷物，那么我们的粮食产量就会大大提高。我们花了数千年时间，积累作物培育的知识，在试错中汲取经验，形成专业技术，才生产出人类在全新世赖以生存的粮食。现在我们必须培育出新的粮食以应对全球的温室效应，保证新增数十亿人的温饱。我们只有几十年时间去做这件事情。

耐热抗旱的作物，诸如木薯粉和小米会取代我们现有的很多主食，比如未经转基因处理的水稻和小麦。更高的二氧化碳浓度意味着这些作物可以更快地生长，需要更少的水。我们需要种植各种各样的作物，并且通过轮作来维持土壤的生命力和肥力。我们需要投入更多的资源去寻找并储存不同的品种。一旦暴发农作物相关疫病，其致命性后果会和疫情一样严重。我们需要根据环境的局限性选择适合的作物，这样才不会出现一些反常现象，比如像棉花这样对水分要求极高的作物，却在水资源稀缺的土地上生长。

水稻是一个有效案例。被水淹没的稻田目前占食物链温室气体排放的 6%，是其他谷物的两倍多。土壤在淹水条件[1]下会释放大量甲烷。甲烷作为温室气体的强度是二氧化碳的 30 多倍。以人口目前增长的趋势，未来 20 年，水稻种植的温室气体排放将增加 30% 有余。然而，如果使用水稻强化栽培体系（SRI），至少有一个品种的水稻可以在稻田没有漫水的情况下种植生长。这种栽培体系的种子用量、化肥用量，以及水资源需求量都会更小。一项长达 3 年的研究对来自 13 个西非国家的 5 万名农业生产者进行跟踪调查。研究发现，使用水稻强化栽培体系后，他们在种子上的花费减少 80%，产量平均增加 70%，收入增加 41%，甲烷排放减少 50%。

英国预计将会出现更多极端天气事件，比如季风暴雨以及洪水，因此英国引入了"湿种法"。"湿种法"不用将泥炭沼泽地的水抽干，将水抽干的过程会有大量的碳排放。相反，人们会选择适合在完全湿润的土壤里生长的作物，这样泥炭沼泽地湿度增加反而是好事情。符合这个条件的作物有灯芯草、芦苇及甘露草，这些作物和野生稻比较类似，可以碾磨后做成粥。

不管粮食的生产地在哪里，我们要使用更精准的营养成分以及滴灌系统，避免生态系统的污染，并减少粮食损失及粮食浪费。这意味着我们要使用覆盖作物、护根物，以及间作的方式实现营养物质的循环，这样我们可以尽少地使用化学制品，或仅在必要时适量地使用。这意味着我们要让已被耗竭的农田休养生息，让不适合耕种的土地还原野生状态。中国从 2005 年到 2015 年通过大规模的土壤统一管理项目改善了农田的状况，其中涉及两千万农民及四千万公顷的土地。最后，粮食产量平均增幅超过 10%，氮肥的使用下降

---

1 淹水条件：通常指土壤或地表在长时间或间歇性被水层覆盖的状态。

16%，节约经济成本达 122 亿美元。

粮食问题不仅生死攸关，而且占据我们生活的重要部分。全球各地的农民正在经历一场转变。过去长达 8 000 年之久，农民仅靠一亩三分地和勤劳的双手便可养活自己，但是现在来到城市，他们需要完全仰赖陌生人才能养活自己。因此，避免收入贫穷最常用的方法便是牢牢抓住土地，而这会增加迁移的难度。很多国家的农村家庭在搬到城市很久之后，还是会保留自己在农村的土地，虽然土地被一分再分，面积在不断减少，但土地还是社会保险的替代品（因为他们无法负担城市的住房成本）。因此，在大面积土地上进行高产种植是完全不可能的。这样在农村生存的难度会变高，并且这个恶性循环会继续下去。另一个极端便是在发达国家，一些富有的土地所有者控制了国家的广大地区，但不在那里生产粮食，因此其他人很难在那里维持生计。

和其他类型的财富一样，土地所有权逐渐集中到越来越少的人手中。占全球 1% 的农场控制多达 70% 的农田；这些农场是食品公司体系的一部分，与土地真正的关联甚少，因此有动机纯粹为了短期逐利去做一些具有伤害性的事情。科技巨头比尔·盖茨是美国第一大私人农田所有者。而与此形成鲜明对比的是当地的土地管理人。他们在满足当下土地需求的同时，重视为后代的利益保护土地。正是由于这些土地管理人，全球 80% 的生物多样性能够维持下去。解决土地分配不均的方法便是土地财产税。征收土地财产税会促使土地所有者出售土地以盘活资金，或者将土地出租以提高使用效率。此外，向土地所有者收费征税能够促使农业清洁化，收费征税的项目包括取水及环境成本，比如在河流中排放硝酸盐，在大气中排放温室气体。正因为有了这样的激励因素，人们才会有偿获取环保服务，比如维护航道，通过种植作物保证生物多样性，保护稀有物种。

当农业生产的条件越来越局限，我们需要引入社会保障政策，保证农民获得基本收入，以此支持农村地区的农业生产者向城市迁移。例如，印度实施了《圣雄甘地国家农村就业保障法》(MGNREGA)，能够保障人们的工作权，为申请者提供长达 100 天的就业机会，并支付最低工资。当然，我们依旧需要农业劳动力，很多跨国移民掌握了有用的种植技术，但是未必适用于迁入国的自然条件和农业发展。因此，移民安置计划必须匹配相应的培训项目。你不能指望一个原本在孟加拉国种植水稻的农民，一夜之间就能在苏格兰种植海草。但是成百上千万在饥饿边缘挣扎的人们，却仰赖不同农业技能之间的成功迁移。

前往北半球的广大移民中，很多人找到的就业机会要么在蓬勃发展的生物科技行业，要么就是服务于新型农业，比如去地下海藻农场，或是去高楼层且气候条件受控的室内垂直农场，或是和我们的祖先一样，在农村开垦田地。食物生产一直是人类生存的头等大事。但是由于我们自身的原因，食物生产变得越发艰难。但是，我们可以利用知识和专业技能，通过革新食物生产的方式，度过接下来的危机。问题的关键是我们到底是提前准备，沉着应对这场变革，还是坐以待毙，直到饥荒和冲突爆发。其严重后果会危及我们所有人。

第十一章

能源、水资源、物资

当地球的大部分地区变得无法居住时，会有更多的人口聚居到具有战略重要性的地区。全球的淡水供应、原材料及能源，也会按照地理位置集中分配。将来我们必须用巧妙且节约的方式使用资源，并通过循环再利用延长物资的流通周期。社会层面，面临巨大的挑战，我们可以通过公平地分配财富及资源来解决这些问题。

我们首先来谈谈能源。如今，世界各国都需要依赖科技，在这一背景下，全球一次能源的使用量接近 600 艾焦[1]（大约 25 000 太瓦时），预计到 2050 年将上升到 39 000 太瓦时。使用能源可以提升人类的身体素质，延长寿命，也可以提高生产力。然而，我们面临两个问题。首先，能源分配不均。数亿人无法获得有保障的能源。由于缺乏电能，他们不能照明、降温，使用电脑或电冰箱，也没有安全的烹调及供暖方式。无法获取充足能源的人们陷于贫困，健康状况糟糕，给周遭的环境也带去灾难性影响。人们砍伐森林的最重要动机，就是获得取暖及烹饪的柴火，这也是空气污染的主要来源。

---

1 艾可萨(exa)相当于10的18次方。

很多南部国家过去几十年在国内有新发掘的能源，例如石油储备、可用于水力发电的河流、太阳能及风能。问题是，我们需要大量的资本投入才能实现潜在能源的转化。如果一国的电力基础设施极其不完备，那么最需要电力的人往往最不可能获得电力。并且上述很多能源开发都会对环境造成恶劣的影响。大规模移民的背景下，人们可迁移至更容易获得能源的地区，因而能够加速人们获取能源的过程。

其次全球能源的另一大难题，就是 87% 的温室气体排放以及各种灾难性的后果都与能源使用有关。每三个二氧化碳分子中，就有一个是因为人类活动释放到大气中的。过去 15 年间，人为的二氧化碳排放量增加了 1/3。到 2035 年，温度平均上升幅度有可能超过 1.5℃。随着全球温度升高，会有更多人迁移到其他地方。然而到 2100 年，我们的能源使用量会是如今的 7 倍。这其中的部分原因就是，农村人口一旦转移到城市，他们的能源使用量便会增加。

让全球能源脱碳是接下来二三十年的任务。当我的孩子到达而立之年时，这个能源难题应该已经解决，虽然乍一看完全超越了人类的能力范围，但如果分解成一个个小任务，一点点解决，在有生之年应该能看到胜利的曙光。

第一步就是要让电力生产脱碳；接下来，要让电能成为所有事物的供能来源。与此同时，我们要捕获能源生产过程中释放的温室气体。

即使无须兴师动众地让人类进行大规模迁移，在全球变暖以及极端天气事件频发的背景下，让各个城市成功实现"净零碳经济"也绝对是一项"壮举"。根据国际能源署测算，如果要在 2050 年前实现"净零碳经济"，我们使用可再生能源的比例必须比 2020 年

40% 的再多两到三倍。但 40% 的使用比例已经非常高了。

对于能源储备不足且依赖煤炭的落后国家而言，即使新能源价格降低，使用可再生能源的资金成本还是大到令人望而却步。国际社会可以向落后国家伸出援助之手，比如提供低成本的融资手段。可再生能源相关的制造业、建造业，新能源的有效利用、循环使用及维护保养对于带动就业机会极其重要，不仅在人类的现居城市，而且在未来人们居住的北半球高纬度地区都会创造诸多工作岗位。

"净零排放"的世界将会大大倚重电力生产，不仅为住宅和企业提供电能，也为工业生产及交通提供电能，而目前这些都依赖化石燃料。这些电力由各种各样的太阳能和风能发电站提供，而这些发电站位于中纬度无人居住的沙漠地带。高压直流输电线会将电力输送给高纬度城市及周边城市。这种电力传输系统的模型已经存在。例如，澳大利亚正在北部沙漠区建造世界上最大的太阳能电池储能站，通过长达 4 500 千米的海底电缆，24 小时不间断地将可再生电力送至新加坡。这个储能站将于 2027 年完工。北非地区正在利用太阳能发电向欧洲输送高压直流电。北非地区距离更近的城市将依靠水电站发电完成电力输送。非洲的沙漠地带非常适合大规模太阳能及风能发电。摩洛哥的瓦尔扎扎特已经拥有世界上最大的太阳能发电园区，而其他的新能源发电项目正在建设中。太阳能和风能发电所需的人际互动远不及化石燃料发电站，因此如今大面积的无人区依旧可以用于生产电力，为数千公里开外的安全区居民提供电能。维护工作则由自动化系统及机器人完成。北海及大西洋的海上风能发电站可以与一些区域电网联通，作为其他电力来源的平衡与补充。格陵兰岛可以通过海底电缆将地热能、水能及风能发电产生的电力传输给位于加拿大、北欧及英国的城市。

如果充分运用海洋蕴藏的大量潜能，就可以在北半球沿海地区发掘大量有用的能源。欧盟预计到 2050 年大约有 10% 的电力会来自波浪能与潮汐能。如果发电体系运作顺利，使用便捷，那么波浪能与潮汐能的发电比例可能显著增加。

此外，楼房屋顶、交通工具及其他基础设施建设拥有大量空间也可用于安装太阳能电池板。这些电池板彼此联通，形成输送电力的网络，可以让住宅区拥有发电站的功能，提供更多电力。然而，最大的赢家还是那些住在低纬度地区的居民，他们获得的光照最多，可以将这种得天独厚的优势出售给地理位置更靠北的大型移民城市。

因此，能源生产虽有地区的划分，但可以在全球范围内传输。从能源产地通过电缆及各种交通方式，以氢气这样的清洁燃料的方式传输到更靠北的城市。

电网能够生产、储存、传输能源，还要应对日常及季节性的供需波动。夜间没有阳光，风也并非一刻不停地吹。过去 100 年来，水力发电以稳定的可靠胜出，在发达国家得到开发利用。然而大规模的水力发电站会引发纷争，危害环境。很多国家正在拆除水力发电站，重新恢复河流网络。单单美国就拆除了 1 600 座水坝，欧洲则有几千多座堤坝待拆。在很多地区，水力发电的可靠性正在大幅下降，频繁地引发停电。一些河流源头的冰川正在消逝，一些河流遭遇旱情，极端气候给水坝的基础设施造成毁灭性影响，往往还带来灾难性后果。

运河及水库上的浮动太阳能电池板，要比现有的水轮发电机组拥有更大的发电量，同时可以减少蒸发带来的水能损失。蒸发导致大型水库年用水量减少 1/4，比如埃及位于尼罗河的阿斯旺水坝。2021 年的一项研究调查了水力太阳能混合发电站的潜能，研究发现，仅仅将非洲 1% 的水库用于混合发电，就可以让非洲总发电量增加 25%。

未来几十年，水力发电依旧是可行的发电方式，会为电力供应做出突出贡献，是全球占比最大的发电门类，占总发电量的 16%。在南部国家，新的"建坝潮"正在兴起，至少有 3 700 座堤坝正在规划建设中。这些堤坝都具有争议性，虽然能给世界最落后地区提供电能及发展机遇，但会对环境造成极大的危害，通常会释放大量甲烷等温室气体。例如，湄公河沿岸规划或建造的水坝一旦竣工，湄公河三角洲 96% 的沉积物会被拦截，从而导致严重的侵蚀现象，可能造成三角洲面积缩小，甚至不复存在，而聚居在这个区域的人口数达 2 150 万人。

能源的获取是决定人们是否有必要迁移的关键因素。能源可以让人们在原本恶劣的环境中存活得更久，比如提供降温设施及水资源。非洲之角地区，已经有人因为气候因素迁出。埃塞俄比亚正在建造"复兴大坝"，这座大坝可利用尼罗河的水资源生产 6 000 兆瓦的电力，但会导致两万人流离失所。但随着"复兴大坝"逐渐被注水填满，位于尼罗河下游的埃及，在应对气候危机的同时，长达数年面临粮食灌溉的水源危机。能源与食物、气候、贫困问题有着千丝万缕的联系。能否妥善处理这些因素之间的关系将决定人口的去留。

刚果民主共和国计划在刚果河畔建造大因加水电站，这座大坝的发电量达 40 000 兆瓦，预计斥资 900 亿美元。水电站的兴建可能对扶贫有重大意义。虽然电力会输送的具体地区仍不明确。受益者绝对不是受大坝影响最为严重的贫困农村人口，而那些人恰恰是最需要电力供应的群体。很多国家会将电力出售给邻国，有些国家会将电力输送至国内的城市。人们如果要真正获益，就要搬迁至城市。

未来会有越来越多的人口迁移至北半球地区，这里的水力发电总体依旧稳定可靠，对气候变化影响微乎其微，可持续发展的设计理念也有助于城镇的电力供应。正是因为水力发电，挪威才能保持极低的碳排放水平。小型水电站对环境的影响可以忽略不计，对于地理位置偏远的社区是绝佳选择。亚洲及部分欧洲地区就有成千上万个小型水电站投入使用，如果在全球范围内广泛使用，其成本也相对较低。单单在欧洲发现适合建造小型水电站的地点就有 40 万处。中国小型水电站的总发电量达 80 千兆瓦，大约是三峡水电站的4 倍。

另一种可靠的能源来自地球的心脏。这对于北半球的移民城市而言，或许会成为具有颠覆性的新能源。部分地区已经开始使用地热能，其生成过程是地球内部的热气和液体通过深海热液喷口、间歇泉，或岩石的缝隙冲破地表，喷涌而出。然而，地热能的大部分潜能来自地球熔岩的热量，埋藏在地表之下更深处。这类能源的分布范围极广，理论上可以在全球任何地方开采。当然这种热能一直处于"激活"状态。短期之内最具有开发潜力的技术是深层闭环地热装置。这个装置由两口相距 2.5 公里的钻井组成，由一系列封闭管道横向连接，当有可供使用的热能产生，管道中的液体会上升至地表。由于这是闭环系统，当一边的冷却液体下沉，另一边的热液就会上升，因此无须水泵。这个灵活易变的体系非常适合土地供不应求的城市或地区，产生的电能可以作为电力系统的基荷电源[1]。使用这个系统时，如有必要，可以通过限制水流或阻断水流对系统进行开关控制。已经有部分试验电站对这一技术进行试点。接下来的

1　基荷电源是指能够提供连续、可靠电力供应的主力电源，如煤电、核电等都适合作为基荷电源。

10 年，原来的石油工人会转而去北半球城镇的地热钻井工作。

还有一种无须碳排放的可靠能源便是核能。法国就是因为核能的利用，才得以将碳排放控制在如此低的水平。核能可以替代化石燃料为冶钢业这样的能源密集型行业提供能量。大型核电站通过原子裂变释放能量，可以为全球电力系统提供基荷电源。欧盟的核能使用比例为 25%（全球范围的比例是 10%）。尽管，气候变化影响之下，核电站冷却设备出现问题，很多核电站已经开始老化，出现故障。翻新甚至重建核电站的代价高昂，尤其和可再生能源相比，而且核能开发掺杂了额外的文化及政治因素，因此推行新举措难于登天。这一切可能会改变。政府必须对基础设施和专业技术进行投资以降低成本。我们还要需要建立便利的渠道，获得私营部门的投资，保证开发核能在经济上可行。同时，第一批小型模块化核反应堆预计在 21 世纪头 20 年的尾声投入使用，能够提供各种功能的清洁能源。俄罗斯正在设计浮动核反应堆，通过牵引可以将反应堆转移到任何需要电力供应的地区，一旦北冰洋对核电行业开放，这种浮动核反应堆会有很高的实用价值。

另一种核能是核聚变，也就是两个原子在高温高压的条件下发生聚合反应，形成更大的原子时产生的能量。差不多一个世纪以来，人们虽然对这种核能抱有很大的希望，但核聚变发电一直是一个遥不可及的梦想。然而最近几年，低成本的小型模块化核反应堆出现了一系列技术创新，因而核聚变发电的前景似乎变得更为广阔。第一个核聚变反应堆预计在 2030 年前可以投入使用。英国承诺在 2040 年前建成首个核聚变发电站。确切地说，这样的时间线已经晚了一步。根据我们的"净零排放"气候目标，到 2030 年全球碳排放将会在 2030 年前减少 45%。但是核聚变能够提供充足、免费的能源，这会给我们的生活带来翻天覆地的变化。地球上的每一次人类活动，不管是粮食生产、服装制作，还是玩具制造，都离不开能源。现如今能源总量有限，并且会带来污染。但是假使有一天，能源变得充足、免费、无污染，这会大大改变人类与地球之间的关系。或许人类与地球之间的关系会因此恶化（很多环保主义者坚信，在任何情况下都要少消耗资源）。但是人类与地球之间的关系也有可能会大大改善。如今，世界上最严重的环境破坏是由几近赤贫之人造成的。能源贫困意味着人们要被迫砍伐树木，污染河流及沿海地区，猎杀野生动物，在高风险、污染严重的地区工作和生活。

同时，世界各地正在建造大型化学电池，以储存可再生能源产生的电能，有需要时向电力系统供能。电力还能以热能的形式储存在熔盐[1]里，或是通过抽水蓄能储电。所谓抽水蓄能，是水电站利用多余的能量将位于低处水库的水抽到位于高处的水库，如果需要用电，便将储存的水释放出来，利用势能推动水力涡轮机发电。这些储电系统对于满足超大城市的能源需求至关重要，尤其在冬季，北半球高纬度地区太阳早早落山，而人们仍旧需要照明及供热的电能。

氢能是另一种储能方式，通过可再生能源发电进行电解水制成。氢经过压缩储存后，可以运往全球各地，可以通过燃烧推动发电涡轮机，或在燃料电池（类似电池的装置）里发电。澳大利亚正在规划规模宏大的氢能行业，将氢能储存于氨水这种运送便利的介质中输送至世界各地（通过另一种化学反应将氢分离出来），通过这种形式将充足的太阳能转移至多云天气居多的北部地区。对于澳大利亚以及其他太阳能资源丰富、供电稳定的国家而言，这种劳动力需求

---

1 熔盐是指盐类熔化后形成的熔融体，例如碱金属、碱土金属的卤化物、硝酸盐、硫酸盐的熔融体，可用于电力储存。

量较小的供能经济模式是大规模移民后的上佳之选。

由于电池重量的限制，人类的交通方式及物资运送方式会以陆地交通为主，而非航空运输。北半球城市将依靠高铁及航线彼此联通，供能方式为电力或核能。帆动力将会重获人们的青睐，尤其是装上了人工智能控制的传感器和调节器后，可以保证最优风能捕获，增强风帆的性能，甚至有些情况下替代远洋船舶的其他动能来源。

当我们完全迎来城市化时代，电车并不能彻底替代如今污染度较高的油车。即使人们可以忍受成百上千万辆私家车造成的严重交通堵塞，这其中物质资源的成本也过于高昂。如果人们要更安全、更健康、更快捷地前往城市各处，或许可以使用电动公交车，或类似电动三轮车及货运自行车这样的交通方式。如果有必要使用纯电动汽车，我们可以用租赁或者拼车的方式进行。充电也可以分散到各地进行，现在已经有手机 App 可以让电车司机与家里安装充电器的住户联系，他们可以共同承担充电的费用。

航空业的脱碳难度更高。飞行对气候造成的影响有 2/3 来自飞机尾迹或飞机云，而不是二氧化碳，大约占全球变暖的 2%。海拔及飞行时间的轻微改动会影响飞机尾迹的形成。改变飞机航线并调节飞行高度，就可以事半功倍地避免这一问题。如果对航空业征税，可以减少非必要的商务航班，视频会议便可以取而代之。但是社会最富裕阶层，虽然占比最小，恰恰制造了最多的排放，并不高昂的税费无法让他们放弃乘坐飞机。我们要做的是禁用所有的燃油私人机，除非是纯电动飞机。未来被吸收的二氧化碳及绿色环保的氢气，可以制成航空合成燃料，这会让整个航空业焕发新的生命力。

小型飞艇在北半球城市可以发挥一定作用，一旦到了路面交通无法发挥作用的时节，我们就可以用小型飞艇将货物运送到各个城市，以及北冰洋位置偏远的矿区。一些公司已经在探索小型飞艇的可行性了。

我们面临的问题是，全世界的清洁发电体系不足以满足我们的能源需求。因此在未来几十年，我们需要依赖化石燃料。为了在2050年前达成"净零排放"，发达国家需要在21世纪30年代中期停止燃烧化石燃料，并在2040年前在全球范围内先后淘汰煤炭、石油及天然气。政府间气候变化专门委员会发布的《全球1.5℃增暖特别报告》中，对超过400个气候场景进行评估，其中只有大约50个场景能有效避免气温增幅超过1.5℃。这50个场景中，大约只有20个场景对减排做出了符合实际情况的假设，比如考虑到从大气中除碳的速率和规模，以及树木种植的范围。但即使这样的场景也涉及一些具有挑战性的策略，要么无法证实大规模实施的情况下是否有效，要么就是会引发社会问题。从实际的角度考虑，我们很有可能无法将温度增幅控制在1.5℃内。

虽然大多数人也认同淘汰煤炭的必要性，但是化石燃料公司和政府（包括很多国有的电力公司）依然期待我们继续燃烧化石燃料（甲烷）和石油，通过捕获与封存排出的二氧化碳，防止大气继续升温。这个想法乍听之下尚可，但是碳捕获与碳封存从未大规模实施过，我们也不知道是否有效。这只是计划。政府和投资者是否会继续资助化石燃料勘探与开采仍是未知数，尤其未来几十年，北冰洋面积广袤的油气田对外开放，整个化石燃料行业谈论着碳捕获与碳封存的潜在优势，以及其他燃烧后的减排措施。即使碳捕获与碳封存证明有用，化石燃料行业依旧是一个重度污染、极具破坏力的行业。

可以毫不夸张地说，实现经济脱碳需要付出高昂的代价。但是我们必须完成脱碳以彻底改变原本污染严重且社会不公的世界。到目前为止，各国政府并没有以足够的雄心大规模地解决脱碳问题。比如，这跟政府宣布参战时所做出的承诺相去甚远。其中一个解决之策便是让银行合作设立专项大额资金用于加速脱碳的过渡阶段。我们可以称为"碳排放量化宽松"。有些人称，这一策略可以让石油国家获得赔偿以弥补化石燃料收入损失。这和奴隶制废除后，奴隶主获得相应赔偿有异曲同工之妙，都可以加速终结过时的行业或制度。

更优质增长

我们对如何满足日益增长的世界能源需求已经了解一二，但我们也可以缓解需求增长。最直接易懂的方式便是延长能源的使用期限。人类使用能源的效率已经有了显著提高，特别是工业能源。这主要得益于各国的科技发展。能效提高已经让发达国家受益，而我们需要在全球范围内推广使用高效能源。

降低能源需求的另一个方法便是放慢经济增长。如果遇到经济衰退或是人类活动减少，碳排放也会大幅减少，疫情就是一个例子。一些环保人士呼吁人类应该终结经济增长，甚至倡导经济负增长。他们还指出普通定义下"健康"的 GDP 增长率是 2%—3%，但这对环境而言是不可持续的。全球平均 GDP 增长率大约为 3.5%，环境问题日益恶化。然而增长本身并不是问题，出问题的是对环境及社会不可持续的经济增长。

所谓经济增长，是每个人长期以来生产或提供的商品与服务在数量与质量上的增长。这是人类享有丰沛物资的原动力。但是全球范围内，财富分配依旧不均。像英国这样的国家经历了长达几个世纪的经济增长，而乍得这样的国家却深陷贫穷的泥潭。如今诸多贫困国家历史上都曾经遭受殖民帝国的剥削和压榨，因而经济无法增长。即使后来这些贫困国家摆脱殖民，发达国家依然以各种方式制约它们未来的发展。我们必须采取积极主动的政策措施，并辅以资金支持帮助政府减少贫困。具体的措施包括对可再生能源、全民医疗及全民教育进行重点投资。

正如我们所见，使人们囿于贫困的并非身份和职业，而是所在之处，换言之，你是否足够好运，恰好出生在一个生产力发达的大国。城市的生产力要超过凭借农耕自给自足的农村。发达国家的生产力要超过贫困国家。某个城市的居民身份会给收入与机遇带来额外的加持，这是个人的运气和努力完全不能比的。一个在乍得干农活的人，他的财富量级绝对不可能超过一个出生在上东区的人。但他可以仅通过移民至美国，就让自己的购买力翻3倍（虽然物价上升了，但收入也在上升）。因此助力移民对于减贫十分重要。

当然，落后国家也并非所有人都有能力或有意愿移民。虽然移民对许多地区而言是摆脱贫困的唯一出路，但这不应该是一种常态。发达国家要帮助落后国家促进经济增长，或调整经济增长模式。气候变化会让诸多地区丧失居住功能，但这只会影响一部分人。一个国家经济越发达，其适应力则越强，人们的居住周期会更久。移民者将劳动所得寄回自己的家乡，可以振兴当地经济发展，也有助于创建强大且具有韧性的社会，造福于那些无法移民的人，或是回归自己祖国的人们。经济发展的真正意义在于社会提供给人们商品、服务和机遇，让他们有尊严地好好生活。

人均 GDP 是一个广义的衡量标准，可以用于国家之间的横向及纵向比较。然而，自然资本（通过大自然获取的商品与服务）在测算 GDP 时，并没有被包括在内。GDP 的正向增长往往会伴随着环境破坏。比如，当树木遭到砍伐，GDP 就会相应增加。这样的做法显然是不可持续的。《甜甜圈经济学》一书的作者经济学家凯特·拉沃斯提出 21 世纪衡量经济增长最适宜的标准和诸如碳定价这样的工具。我们重视自己测量的东西，因此我们要寻得更好的办法，来测量那些会真正有利于国家财富的事物，比如清洁空气、健康的土壤，以及有尊严的养老保障，虽然这对于 GDP 及收入的增加并没有太大帮助。之前我们提到过，经济增长是长期以来商品及服务在数量与质量上的增长。从火力发电转变为风能发电，即使发电量完全一样，电力生产的质量会有极大的提升，因为风力发电会大幅削减空气污染，避免温室气体排放，同时，风力涡轮机安全性更高，维护保养成本更小。这就是经济增长。如果科学家找到了治疗癌症或根除疟疾的方法，这也是经济增长。换言之，经济增长不一定非得以无谓地耗费资源或制造污染为基础。我们不能复刻过去几百年的增长模式，如果采取了更好的政策措施，我们的增长效率也会更高。科技创新可以提高特定领域的生产力，比如制造业及农业。这些行业的劳动力比重会因此缩小。自动化会抢走人们的就业岗位，这会造成巨大的社会困境。其中一个解决之策是对机器人收税，韩国就是这么做的。这可以将生产力带来的部分效益归还给民众。

目前，不管是各国国内还是国家之间都存在贫富差距明显的问题。全球有大约 3000 名身价达数十亿美元的高净值人士，与此同时，世界人口的大多数靠极低的收入维持生计，甚至无法获得基本物资。最近几十年，全球贫困现象有所减少，但非洲的进展是最慢的，撒哈拉沙漠以南地区有 37% 的人口生活在赤贫状态。为了让人们彻底告别贫困，并能随时获取所需的商品与服务，减少不公现象只是第一步。各国需要提高平均收入水平，保证经济可持续增长。

但这又让我们处于两难境地，因为生产力上升势必需要更多的能源和资源。近几年，超过 30 个国家已经让 GDP 与碳排放脱钩，但大多数国家仍未做到这一点。大规模地快速利用清洁能源是满足增长目标的唯一办法，也能增加居民收入。根据国际能源署的路线图预测，到 2050 年，虽然 GDP 总量会翻倍，但全球经济的能源使用量将会下降 8%。到 2030 年，人口增长量将达到 20 亿人，所有人的能源供应都可以得到保障。路线图指出，和上述现象相伴发生的趋势是绿色经济就业人数增加。

要促使那些文化融合的新兴大城市繁荣发展，唯一的方式便是让经济实现可持续增长。

巧妙的分配政策至关重要。从生物科技到清洁能源，这些新兴产业能够为一代代本地及移民劳工提供海量的机会，以建设经济可持续的公平社会。否则，在原本分配不均的基础上，能源、财富及机遇会进一步集中到少数人手中。产业革命后的过渡阶段，大多数就业机会集中在了仅凭科技创新无法轻易提高生产力的行业，比如服务行业。一直以来我们都需要人力来承担理发及护理这样的工作。到本世纪中叶，英国人口老龄化将十分严重。满足劳工需求的唯一途径便是迁移。

全民医疗及全民教育是发展的关键。教育对于提升收入水平至关重要，对 21 世纪大多数高增长行业而言有着举足轻重的作用，例如生物科技、纳米技术及材料科学。教育可以为移民者铺就通往经济发达城市的康庄大道。一座城市如果要吸引移民，必须坐拥大量高等教育资源。医疗资源短缺是巨大的经济负担，会剥夺无辜的生命，也会让人们失去生存的基础。大多数发达国家都拥有全民医疗保险，这方面美国是突出的反面案例。但其他国家也没有完全满足公民对医疗资源的需求，具体的表现各不相同。在所有的 OECD[1] 国家中，英国的法定病假工资是最低的（这也是疫情损失越发严重的原因之一）。那里的老年居民生活在贫困中的可能性更高。当移民者搬迁到新城市，他们需要医疗资源，甚至有可能参与提供医疗服务的工作岗位。移民输出国不能在这个过程中处于劣势。很多经济落后的国家有大量人口连最基本的医疗资源都无法获得，因此经济发达国家应施以援手，提供完备的设施，并对医护工作者进行培训教育，尤其在一些迅速扩建的城市。

我们要运用政策措施改变社会的财富分配，比如遗产税、财产税及土地税。碳税政策及水资源定价政策有助于生态资源的保护。假使有很多人在温饱线上下挣扎徘徊，这样的社会，就算有亿万富翁的存在，又有什么意义呢？这样的财富积累本身就是病态的，只有当人们都能好好生活，这样的巨额财富才能得到更好的利用。要在环境不受破坏的前提下实现经济增长，依旧前路漫漫，但我们还是有办法实现这个目标的。虽然有环保人士认为，我们应该将负增长作为目标，但我依旧无法说服自己，以当下的条件我们还能维持原有的生活水平吗？我也无法想象民主社会能够主动接受生活水平的下滑。

---

1 经济合作与发展组织。

资源的流通

全球人口聚居在超大城市这样的避风港，其优势便是可以获得更高的效率。对于社区资源，诸如交通工具、儿童玩具、办公用品、供暖、照明、电力，我们会去共享而非占有，从而减少原材料的使用和浪费。我们已经可以看到共享经济的萌芽。我自己就是当地儿童玩具图书馆的会员，我还有 ZipCar[1] 的会员卡。没有一座城市可以独立存在，它们需要依靠外部世界获取资源。比如在瑞典的城市，每人每年进口的化石燃料、水资源及矿物质多达 20 吨。

由于致命高温及不断上升的海平面，不出几十年，人类便无法亲身开采矿产资源，获取各种自然资源。我们必须找到人力劳动的替代品或使用机器人劳工（这听起来似乎有些不可置信，但日本大型建筑公司大林组已经开始使用机器人在北海道的东南角建造大坝）。然而从北冰洋到北半球的深海海床，已经发现可供开采的新的矿物资源，因此相关分析人员并不担心资源会被耗尽。但我们必须使用对环境影响较小的方式开采矿物资源，减少淡水消耗量，不使用化石燃料，不制造污染，对生态环境不造成灾难性破坏，上述问题是采矿业长久以来的弊病。

随着社会电气化[2]程度不断提高，我们需要大量的铜矿，以及元素周期表上的各种金属。其中有很多元素直到最近仍被视作开采其他金属（比如锡）时的废弃杂质。国际能源署警告称，若要满足电车行业的需求，矿产供给到 2040 年要增长至如今的 30 倍。在需求

1　美国最大的汽车租赁公司，成立于2000年。

2　电气化就是国民经济各部门和人民生活广泛使用电力。

增长的背景下，原本长达数十年，甚至数百年来无法盈利的矿区会重新开放。例如康沃尔[1]已经重新开放锡矿区，用于锂矿开采。矿区使用的电力来自内部的地热能。

格陵兰岛[2]拥有大量的钍、铀及稀土金属，因此成为美国、中国及澳大利亚竞相追逐的地区。这些国家都想争夺那里的矿产开采许可权。这场关于采矿许可权的争议甚至引发了世界第一大岛的政治危机，迫使格陵兰岛于2021进行一场紧急大选。岛上56 000名民众不得不做出艰难的抉择，到底是保护脆弱的生态环境，还是发展地区经济。目前格陵兰岛经济主要依靠渔业及丹麦政府的拨款。选举最终以"环保派"胜出告终。

资源稀缺促使人们向循环经济过渡。循环经济的特点是，在产品设计阶段，人们就会考虑到产品使用寿命结束时的情况，这样可以轻而易举地将各种材料回收再利用，尽可能减少浪费。人们还发明了低能耗塑料回收的有效方法，将塑料转化为石油，而石油是任何一种塑料的制造原料。塑料垃圾的难题因此终于可以画上句号。新材料可以由各种丰富的资源制成，碳就是其中一个例子，这种材料可以提升产品制造的持续性。还有像竹子这样生长速度极快的材料，既可以在热带地区种植，也可以在更靠北地区的人工林种植。

21世纪最不容忽视的资源焦虑是水资源焦虑。从长期来看水资源是严重不足的，但是某些时节，降水过多又会引发洪涝灾害。全世界98%的水资源分布在海洋。剩下的大部分淡水以冰川的形式出

1　英国西南端郡县，锡矿区。

2　格陵兰岛为丹麦的自治领地之一。

现在南极洲和格陵兰岛。所有的河流、湖泊、湿地加在一起，只占所有水资源比重的 0.008%。云层、蒸汽、雨水的比重只有 0.01%。因此，人类仰赖的大部分水资源，其稀缺程度令人难以置信，其存储量远远不够。虽然我们建造了数以百万计的堤坝、水库、水塘，但这些供给量仅能维持不到两年。此外，全球水资源分布极不平均。加拿大、阿拉斯加、斯堪的纳维亚半岛、俄罗斯的河流不计其数。与此同时，沙特阿拉伯连一条河都没有。挪威人均淡水储备量为 82 000 立方米，肯尼亚只有 830 立方米。世界上一些最重要、水量最大的河流遭到过度开发，比如尼罗河、科罗拉多河、黄河及印度河，因此很难注入大海。

水资源问题将会成为未来几十年推动气候移民的重要因素。

如今大约有 40 亿人口（占全球人口 2/3）每年至少有一个月时间会遇到水资源短缺问题。他们当中有一半人居住在中国或印度。到 2025 年印度至少有 21 座城市，包括新德里、班加罗尔、金奈、海得拉巴将会出现地表水短缺现象，波及人数约 1 亿人。印度最重要的规划组织——印度国家转型研究所发布了一份报告，到 2030 年印度 40% 的人口将无法获得饮用水。已经有数十万人不得不在水箱前排队取水。冰川融化一开始能增加山区河流的水流量，可一旦冰川融化直至消失，河流便失去了供水源头。世界上最重要的冰川补给河有一半已经过了"峰值"边界。

全球范围内有大约 70% 的水资源用于农业，但是当水资源稀缺时，城市的需求会被放在农业生产的前面，这会给农业生产者带来灾难性后果，也会加剧粮食供应问题。人们不得不动身迁移。

一些河流虽然有较大的降水量，但降水时间点未必是农业生产的最佳时间。降水时暴洪及水力侵蚀反而会增多，意外天气事件还会导致粮食减产及人员伤亡。伦敦这样的欧洲城市在定期发生暴洪灾害后，紧接着又会遭遇旱灾。这意味着每年降水时，会出现棘手难对付并且破坏力极大的暴风雨。暴雨冲刷着街道和坚硬的地表，要么注入河流，要么在补充蓄水层之前就已经蒸发。之后长达数月，城市居民必须克服没有降水及天气越发炎热的艰苦条件，而这段时间恰恰是人们对水资源需求更大的时候。美国加州居民已经可以购买到饮用水设备，通过压缩空气生成冷凝水。但这种饮水设备的能源需求及价格都非常高。

北纬 45 度以北的城市可以建设适合城市规模的地下水库来循环利用雨水，新加坡及加州橘子郡已经采取这一措施。这个闭式水循环系统有个并不讨喜的外号叫"厕所到龙头"，但一经有效利用，可以将漏水及蒸发流失最小化，并能够充分地过滤、清洁、储存城市水资源。以色列在水资源保护方面处于世界前列，这个国家通过征收水资源税助力水资源保护，经过净化处理的污水有 85% 可以循环使用。污水处理的经费来自具有先见之明的水资源税，这也可以帮助人们改变浪费水资源的行为。

新的水务政策对居民和工业而言将越发重要，即使是历史上水资源供应充足的地区也是如此。这些政策措施包括：对水管以及环境方面不可持续的高尔夫球场做出限制措施；规定对集水器做好表层保护以防止蚊虫；在屋顶设置雨水存储装置；住宅中安装具有节水供能的家用电器；规定个人或组织有责任清理下水道；禁止在容易发生洪水的区域建造楼房。此外，我们还可以在沿海城市设立海水淡化厂，由可再生能源或核能提供电力，不仅有助于城市发展，还可以为当地农业提供灌溉水源。

随着全球升温，加拿大中南部草原及俄罗斯的草原将会变得更加干燥。对此我们可以采用河流改道来缓解干燥对农业的不良影响。但是加拿大和俄罗斯以外的北半球地区湿度会增加，移民者会涌向水资源丰富地区。20世纪90年代，通过卫星就已经可以看到北极区北部表层绿色植被增加。格陵兰岛的海豹猎手已经改行从事农业种植。那里的土豆产量已经将欧洲其他地区甩在后面。对于这一现象，丹麦科研人员已经在研究背后的原因。

水资源稀缺会引发冲突。冲突本身会让人们主动搬离或流离失所。虽然对于降雨云层到底属于哪个国家存在争议，但"云播种"人工降雨技术很有可能会得到推广。阿联酋已经开始定期使用"云播种"技术通过人工降雨技术为水库蓄水，或通过人工降雪改善滑雪环境。美国在干旱季节也会使用"云播种"人工降雨。我们需要建造新的水库和运河，并进行河道改流，对水资源进行不同方式的调度。由于世界上大多数的重要河流都流经多个国家，或是发源于其他国家的重要"水塔"[1]，采取上述措施无疑会带来一定争议。这意味着，埃塞俄比亚掌控着苏丹和埃及的水塔；美国掌控着墨西哥的水塔；中国掌控着孟加拉国、缅甸、老挝及柬埔寨的水塔。中国通过大型水坝储藏了大量来自喜马拉雅山的融水，依此建立了很多村庄，还在不丹境内部署了安保部队，以保障自己的"水文主权"。

21世纪规划的主要新航道及改道河流，不仅可以应对水资源稀缺问题，还可以振兴未来几十年的发展。如果这些规划项目真的发挥作用，那么数百万人将不用迁移或是延迟迁移。其中最知名的就是中国的"南水北调"项目。该项目预计2050年全部竣工，可以将

1　基于高山冰川、积雪、冻土的水系统被称为"水塔"。

长江流域充沛的水资源调配至水量供不应求的黄河流域。中非和西非的 Transaqua 项目（字面意思为"跨水域"）将通过一条具有航运功能的运河以及一系列水坝，每年从刚果河盆地输送 500 亿立方米水资源至沙里河，最后汇入乍得湖。这个项目可以为刚果民主共和国和中非共和国提供水电资源及交通航线，同时为严重枯竭的乍得湖提供水源。乍得湖过去 50 年整整缩小了 90%，给附近区域带来严重影响。这个河流改道项目可以为喀麦隆、乍得、尼日尔及尼日利亚多达 70 000 平方千米农田提供灌溉水源。中国的"一带一路"计划正在资助 Transaqua 项目的可行性研究。

印度"国家河流连接项目"的规模则完全不可同日而语。这个项目将会重新调整印度次大陆上的河流，将位于东北部的喜马拉雅山源头水输送至干旱的地势低洼地带。这个项目会将印度已有的河流通过运河、水库、大坝重新连接成网。有批评人士指出，只要改善水务管理便可以缓解印度的水资源稀缺问题，并不需要对水文体系进行"伤筋动骨"的改造。这个项目单单凭借挖掘工程，便可一跃成为世界上最大规模的建造项目，对环境和文化有严重的潜在危害。然而这个斥资 1 680 亿美元的项目如果顺利完工，每年可输送 1 740 亿立方米的水资源，产生 34 000 兆瓦电力，可以让印度的灌溉区面积增加 1/3。

水资源稀缺并不能真正意义上限制人类。我们一直都能通过创新手段跨越重重障碍，或是就地取材寻找新资源。所有跟能源、水资源、矿物资源及财富相关的局限，都是人类自己的"画地为牢"。单单太阳一小时内提供的能源，就可以维持整个地球一整年的运转。放眼四周，到处都是水资源。我们需要做的仅仅是对其进行淡化处理。我们可以充分运用地球及生物圈的各种资源，来创造我们所需的物资及其他更多东西。但恰恰是人类自己一手创立的社会经济制度，让我们自我设限。如果我们愿意，便可以通过创新突破这种局限，但此举的难度会大大增加。也许，我们会沦落到别无选择的境地。

第十二章

重建

现在你可以花点时间为离我们远去的世界默哀，为消逝的生物多样性和不复存在的文化默哀，为蹉跎宝贵光阴，对气候科学家及环保人士的金玉良言置若罔闻默哀。但是一想到，由于人类活动，能够自我调节的生物圈、我们美好的生存环境在慢慢地丧失居住功能，而我们为了能在日益恶劣的环境里存活下来，不惜大费周章，成群结队地迁移，便不由得觉得这真是愚蠢至极的行为。这样的处境的确糟糕透顶。

但是我们需要付出努力。让我们看看如何让地球再次成为人类的栖息之所。

这场历史性大迁移的背景是人类遇到的史无前例的危机，其中包括全球气候大灾难、生物多样性锐减，以及人口迅速扩张。接下来的几十年将成为人类历史上独一无二的关键时期。一方面，我们需要想办法让这场巨变顺利着陆；另一方面，我们要恢复地球健康的生态环境及宜人的气候条件。只有当我们更快速地完成家园重建，并交出满意的答卷，需要迁移的人才会更少，人类才能在地球上过上更美好的生活。

其中最棘手的两个问题便是生物多样性丧失及气候变化，两者都是由人为因素造成的。好在这两个问题相互联系。自然环境的重建和气候的修复，从某种意义上可以用相似的路径完成。生物多样性丧失的主要原因，是人类利用土地不当，过度猎杀动物，以及气候变化带来的影响。既然气候变化是生物多样性丧失的原因之一，（比如干旱会破坏土壤和森林），那么降低全球温度会有利于生物多样性的修复。修复生物多样性有助于二氧化碳的吸收和存储，能够降低全球温度，进而缓解气候变化。这是一个"双向奔赴"的过程。换句话说，缓解气候变化是一举多得的巨大工程。

自然修复

让我们先来谈一谈生物多样性的丧失。人类以及我们所依赖的人类系统，都是由地球的生命体系支撑起来的。如今世界上 1/5 的国家都面临着生态系统崩溃的风险。一旦土壤退化，森林面积缩小，珊瑚礁消失，河水遭到污染，人类自身的生存就会遭到威胁。自然生态环境是神奇的，因为整个生物圈拥有自我修复的能力，所以只要生存条件适当，这些资源便不会枯竭。问题是，我们正在人为地让生存条件发生巨变。例如火灾及气温上升，让森林正在经历肉眼可见的退化。土壤条件退化，因而只能支持灌木生长，很多地区的树木在大火之后停止生长。这是一个全球性问题。从非洲到亚洲，欧洲到加拿大，穿越落基山脉，森林面临着永久消失的风险，焚毁后的林地有 1/3 已经停止生长。自 2010 年起，加州内华达山脉有一半的树木枯死。21 世纪加拿大的阿尔伯塔省，有一半的森林可能会消失。到 2050 年，热带雨林的二氧化碳排放量将会超过二氧化碳吸附量。

人类进行城市化迁移或跨国迁移时会放弃大片土地。这么做的其中一个好处便是生物多样性会得到自然而然的修复。被人类遗弃的土地会以惊人的速度恢复原来的天然肥力。热带地区二氧化碳排放量和降雨量将来都会增加，虽然这对人类而言是严重的问题，但对植物而言，这一点更容易接受。森林、红树林[1]及草地会恢复原来的生命力。依赖上述生态系统的动物数量可能也会增加。正如移民能够拯救人类，它也能拯救动物。让诸多物种濒临灭绝的并非气候变化本身，而是栖息地遭到破坏，人类基础设施阻碍动物逃离，从而导致它们无法迁移至安全地带。我们必须建设有保护设施的生态廊道，保证野生动物可以在各地间迁徙，繁育出健康的下一代。生态廊道的形式可以是出其不意的。比如可以将停止使用的离岸石油钻井改造成开发海域中供海洋生物栖息的礁石，以及鱼类重要的"天然养殖场"。

人造基础设施的总重量已经超过了地球上的生物量[2]。完全未经开发的自然区，仅占地球土地面积的2.8%。一些环保人士受生物学家爱德华·威尔逊的启发，呼吁将地球上一半的土地用于自然保护。在全球人口不断增加的背景下，这样的目标可谓野心勃勃。可是如果我们能将生态退化最严重区域的1/3修复好，保护依旧完好的生态体系，便能防止70%的生物灭绝，储存相当于工业革命以来二氧化碳排放一半的碳量。生态学家已经发掘出生物多样性关键区域。这些区域不仅是重要的碳存储地，还有助于生态环境保护（例如，野生生物廊道）。这个全球生态安全网不仅涵盖了已经受到保护

1　沿海常绿灌木和小乔木群落。

2　生物量是指某一时间单位面积或体积栖息地内所含一个或一个以上生物种，或所含一个生物群落中所有生物种的总个数或总干重。

的 15% 的土地，还会包括其他的生态修复工程。这样的思路是完全可行的。哥斯达黎加曾经是全球树木砍伐速度最快的国家，现在已经有 1/3 的领土面积得到生态保护，而且丰富多样的生态系统促进自然旅游业，为该国带来了可观的经济收益。

我们要知道，许多已被发掘的自然保护区居住着当地的原住民，他们有自己的需求和生存方式。我们只有保护了当地人，才能保护那里的野生生物。某些情况下，我们可以用有偿的方式激励当地居民保护森林与野生生物。对那些居住时间较短的居民，我们可以给予补偿，让他们搬离重要的生态区，并出台方案，保证他们在其他地方能够维持生计，并有居住之所。金融工具也可以发挥作用，鼓励市场对生态环境及气候变化修复投资（而非环境破坏）。比如我们可以使用碳排放量化宽松。

因为有了人类活动，物种的灭绝速率至少是原来的 1000 倍。某些情况下，生物多样性丧失会直接威胁到同一地区的人类。例如，授粉昆虫对人类的多种食物而言至关重要。英国 97% 的草场因为高强度耕作而消失，导致昆虫及鸟类数量大幅减少。人类要用有限的土地为全球 90 亿人口生产更多食物，这对野生动植物会有更严重的潜在影响。对此我们可以制定一些政策。比如规定在田地里设有野花带，不仅可以吸引授粉昆虫，还可以减少杀虫剂的使用，同时将农田流失面积控制到最小。城市也可以发挥一定作用。英国的私人花园面积比英国所有自然保护区面积之和还要大。私人花园中可播种重要花卉。道路两旁及城市的草地中，可以种植各种各样的花卉，也无须修剪。英国所有草地的面积总和相当于多赛特郡[1]的面积

1　英国英格兰西南部的郡。

大小。

考虑到生物多样性丧失的规模和程度，很多情况下，我们必须采取干预措施让各个物种能够应对人为因素造成的环境变化。我们可以使用基因工具帮助各种动植物适应人类世的新环境。虽然这一过程十分耗时，并且经济代价高昂。转基因工程让美国栗子树免遭疫病摧毁。克隆技术将黑脚雪貂从灭绝的边缘拯救回来。基因工程技术可以让珊瑚群适应更高的海水温度。有些情况下，我们需要建立特殊保护区，制定有针对性的保护政策。比如，卢旺达的游客会付费观赏大猩猩，所得经济收益会用于社区开发项目以及野生动物保护。随着人们纷纷搬离热带地区，对于留在那里的其他物种而言，自然环境监护及修复对整个地球而言都有重要意义，并且将会发挥极大的作用。

未来几十年的城市化迁移中，会有大量农村土地被闲置。南方国家的农田会被整合成面积更大的土地，用更高效的方式耕种，而生产力低下的边缘化土地可以退耕还林。转基因粮食品种的种植，意味着我们会更少地用到对环境有害的化学用品。如今种植的蔬菜需要使用过量的杀虫剂，未来我们会在城市的垂直农场培育蔬菜，垂直农场种植效率高，采用自动化手段，无须使用杀虫剂。或者我们也可以让小型家庭农场培育蔬菜，专门使用对环境可持续的培育方式，由于能够维持及修复生物多样性，农户可以得到报酬和补贴。再生农业有助于土壤固碳，恢复土壤肥力。

用回归自然的方法解决环境问题毕竟作用有限，尤其当环境问题过于极端，超过了自然界承受的极限时。非洲与中国长达十多年一直在进行"绿色长城"植树项目，旨在控制因为全球变暖而不断加剧的沙漠化现象。但这个项目的成果好坏参半。很多树木在种植后没有存活下去。

植树是最为大众所接受的抵消二氧化碳排放的方式。但是很多情况下，被选来种植的树种并不适合当地的环境，反而有可能增加二氧化碳排放量。种植牧草可能是更好的办法。有些情况下，沙漠人工林缺乏生物多样性，不像自然林由各种树种组成，对生态环境具有各种益处。将植树作为碳排放抵消手段会带来其他问题，比如不同团体可能会重复计算树木数量，无法核实是否种植树木，此外树木需要长期养护，等等。树木种植后可能需要长达几十年的生长期才能吸收大量二氧化碳，但在这个过程中，万一树木被烧毁呢？很显然我们需要妥善地监管碳补偿市场及相关治理，将其与碳排放征税和碳定价区分开来。

然而，恢复植被确实是重建地球的方法。有些地方因为土地管理不当，树木遭到砍伐，但是依旧可以发展林业，比如英国的地势低洼地区。在这些区域，植树如果有投资助力，就会带动当地就业，可能会获得巨大成功。同时，我们要保护其他重要植被，比如大草原及半干旱地区的草地区域。这是碳存储的最佳选择，其在火灾中焚毁的可能性远低于那些种植位置不合适的树林。泥炭沼泽也发挥着重要作用，其碳存储容量是森林的 2 倍。泥炭本身就含有 50% 的碳。从英国到一些热带区域，出于农业生产的需要，这些重要的沼泽地正在以惊人的速度遭到开采和焚毁，其积水也正在被排空，令人警醒。

海草、红树林和沼泽是碳存储的最佳选择，其效用是陆地森林的 30 倍，可以减少土地侵蚀，还可以滋养鱼类及其他海洋生命。这类生态系统，有时被称作"蓝碳"，大都面临着威胁。更好地保护重建这类生态系统会产生诸多益处，也能带来就业机会。全球范围内有各种各样与海草培育及种植相关的项目。海草草场位于较深的水域，不会受船只干扰。此外，世界各地还有热带红树林修复项目，尤其是在红树林因开发需要而遭到毁坏的地区。海带也是一种生长速度较快的重要碳存储植物，有诸多经济价值，当然还可以供人们食用。

恢复地球生物多样性是一项涉及全球、需要投入大量劳动力的艰巨任务，可以为移民和当地人带去实实在在的就业机会，通过私营部门与政府合作提供资金。这种重要的"全球社区"工作，可能会成为国家服务社区建设项目的一部分，在许多移民新城推行。

并非任何东西都可以被恢复。珊瑚礁能够支持地球上 1/4 的生命体，以及全球多达 10 亿人的生计，但由于全球升温和海洋酸化，珊瑚礁预计在 40 年之内消失。在全球升温 2℃ 的情况下，大部分珊瑚礁会消失。然而，即使我们将升温控制在 1.5℃ 内，与如今的数量相比，也有 90% 的造礁珊瑚将会消失。由于我本身就是潜水爱好者，珊瑚的消失让我十分痛心。但珊瑚的重要性绝不止于美丽的外表。目前，珊瑚礁在生态保护方面发挥的作用预计可带来多达 10 万亿美元的经济价值，比如保护脆弱的海岸线不受侵蚀，并抵御暴风雨。此外，珊瑚沙是沙滩沙子的来源。虽然我们无法保护珊瑚礁这种形式的生态系统，但能够尽力修复类似的生态功能，比如建造人造礁来支持鱼类繁衍生息。通过对珊瑚虫及其共生藻类进行基因工程改造和选择性育种，可以培育出耐高温的珊瑚品种。这样便可以让部分珊瑚礁存活更久。消除外部压力，比如污染，以及船只对珊瑚礁的损坏，也可以起到同样的效果。然而除非全球温度停止上升，否则珊瑚礁注定会从地球上消失。

气候修复

到 2050 年，全球大约有一半人口将会住在高温威胁最严重的热带地区（比现在的 40% 还要高）。但是 2050 年到来之前，热带地区的很多地方将会开始无法住人。假使我们将全球气温降低，被迫迁移的人会变少，那些原本流离失所的人们可以回归。然而，实现这一目的的方法——气候工程几乎是一块全新领域，并且具有争议性。

其中一种方法便是减少大气中二氧化碳的含量。要大规模实现这一点难度较高（人类现在仍在排放二氧化碳），其过程相当缓慢，但值得一试，因为这种方法可以修复气候系统，使之变得更为安全稳定，很多情况下，可以改善生物多样性。另一种方法则是通过减少太阳光照辐射，阻断热源，以降低地球的物理温度。具体操作方法是运用技术手段将反光粒子注入平流层。

人类的手中握有全球温度调节器的开关，我们需要做出选择，到底是在数百万人不得不搬离住所之前，就开始限制全球变暖，还是等到重大危机出现，接连不断的热浪夺走数万人的生命，再动用气候工程技术。若要限制全球温度，人类需要在政治、社会及科技层面付出前所未有的努力。此事关系重大，一旦气温升幅过高，即使动身迁移也无法拯救人类。

显然，我们要想办法让问题不再恶化下去。要做到这一点，一种方法是我们必须停止使用化石燃料，防止土壤因为农业生产、干旱、森林砍伐及高温遭到破坏，从而导致原本存储在土壤中的碳被释放出来。我们还需要通过植被修复从大气中吸收已有的碳排放，并保证这些碳被封存起来。森林能够进行所谓的"负碳排放活动"，除非树木被砍伐或焚毁。海草是极佳的"固碳器",可以将碳封存在海床里。另一种方法便是将玉米棒或其他农业废料在无氧条件下加热制成木炭(又称生物碳)。这种固体碳可以被埋在土壤中,改良土壤肥力。经过这番处理的土地有更高的农作物产量,每次可吸收更多二氧化碳。但相应的代价是,这里的农业废料无法用作牲畜的饲料、土壤或作物根部的覆盖物,以及用于其他目的。

生物质能源碳捕捉与封存技术,通常又被称为BECCS,是一项可以抵消碳排放但成本低廉的负排放技术,因而受到政府与企业的大力追捧。BECCS的具体步骤是,种植专门用作燃料的农作物,然后放到工厂燃烧,燃烧过程中同时捕获排放的碳,再将碳以安全的形式封存起来。这项技术的一大问题便是,若要让全球净排放量产生质变,我们所需的土地量是极大的,据估计,占现有农田的80%。利用珍贵的土地资源种植作物,仅仅用于燃烧简直就是暴殄天物。

海洋铁质施肥无须占据珍贵的土地,就可以为气候修复提供巨大的潜在价值。沙漠中的砂石经风化剥蚀产生的矿物质是海洋的天然肥料。这种营养物质能够促进浮游植物生长,通过光合作用,可吸收全球二氧化碳排放总量的40%(是亚马孙热带雨林的4倍)。浮游植物是海洋食物链的基础,对于生物多样性而言极其重要。浮游植物的生长会因为营养物质不足受到限制,尤其是铁元素不足。在海水中加入铁粉,比如在南极洲附近海域,可以大幅促进浮游植物生长,吸收二氧化碳,从而减少海洋酸化。过去的地质年代中,风化剥蚀进入海洋中的沙漠砂石要比现在多很多,导致当时全球温度下降。因此,用人工手段进行海洋铁质施肥也会有同样的效果。

大型海洋哺乳动物,尤其是鲸鱼,会助推铁质施肥。鲸鱼在深海觅食,随后回到海面呼吸,并排出富含铁元素的粪便,为浮游植物的生长创造了绝佳的环境。20世纪的工业捕鲸，严重破坏了这个可以吸收大量碳排放的海洋生态系统。保护鲸鱼可以弥补工业捕鲸带来的消极影响。海洋铁质施肥也会间接增加磷虾数量，因为磷虾以浮游植物为食，而鲸鱼以磷虾为食，因而鲸鱼数量也会有所增加。

在陆地上植树需要提前规划，且可行性较低，与之相比，通过海洋施肥修复这个复杂的生态循环，可以更好地吸收二氧化碳，降低全球温度。但是海洋施肥目前被归类于气候工程，被视为风险极高的干预措施，除非是小规模科学实验，否则不予批准。对于海洋施肥的顾虑之一，便是营养物质会让海藻不加节制地生长，从而耗尽浅海中的氧气，导致其他海洋生物死去，形成所谓的"死亡区"。陆地水体及沿海地区如果过量使用肥料，并造成污染，就会出现这样的局面。然而，如果海洋施肥的所在区域营养物质有限，环流强度高，就不会存在形成"死亡区"的风险，还会起到清洁水体、逆转海水酸化的作用，有助于造壳生物的生长，比如浮游生物和珊瑚。相关的试点实验正在进行，而我们现在应该尝试更大规模的修复。

将来我们要在所有的火力发电站部署碳捕获及封存技术（CCS）。大多数火电站排放的气体中，二氧化碳浓度达10%，因此通过净化这部分气体，停止燃烧化石燃料，防止全球变暖恶化还有巨大的回旋余地。盐度极高或是充满沉积物的蓄水层也拥有大量的碳存储空间。封存的碳可以作为工业原料出售，也可以用于商业性温室大棚，或是和氢气混合制作合成燃料。如今使用碳捕获及封存技术后，我们可以将二氧化碳注入废弃的油井中，提升油气的开采量。但是现实状况仍不甚理想。高昂的成本让大多数国家在纯粹的碳存储面前望而却步。但是随着各国出台碳定价政策，制定具有法律约束力的净零目标，使用碳捕获及封存技术是无法避免的。大规模地开发利用这项技术可以降低成本。政府投资将会起到至关重要的作用。

我们也可以通过加强"风化"这一地质作用，从空气中直接捕获二氧化碳。"风化"是一种长期的岩石侵蚀现象，岩石与雨水中的二氧化碳发生反应后，分解剥落，大部分经过冲刷流入海洋，而其中的碳便随之封存于海床。这一自然过程可吸收大约 0.3% 的碳排放，但是通过人为加强这一地质作用，我们可以大大增加碳的吸收。有些岩石的固碳作用比其他岩石更强。像玄武岩或橄榄石这样的硅酸盐岩石，在地球表面非常常见，经过碾压可制成化学活性极强的粉末，铺在农田里，可以让土壤中的植物根茎及微生物加快吸收二氧化碳。由硝酸盐岩石制成的粉末也是增加土壤矿物质、提升土壤养分的绝佳材料，可以增加农田产量，修复退化的田地。硝酸盐岩石还能让农作物更加健康，更好地抵御害虫和疫病。人为加强"风化"作用会增加水分的碱性，会逆转过度使用肥料导致的土壤酸化。农民经常会在土壤里增加石灰石来应对土壤酸化，但硅酸盐也可以作为替代材料。上述的多重好处能够提高农田的盈利能力，因此整个农业部门会率先使用增强型"岩石风化"的手段。最重要的是，与此同时，大气中的二氧化碳会被吸收。

增强型"岩石风化"还可以用于海洋固碳。我们可以将硅酸盐铺在沙滩上，随着涨潮落潮冲刷至海洋中，可以消除海洋中的二氧化碳，这样海洋可以从大气中吸收更多的二氧化碳，从而降低全球温度。这么做也可以缓解海洋酸化，尤其是铺撒硅酸盐的附近区域。这对于拯救珊瑚礁而言非常重要。

增强型"岩石风化"的最大难题还是成本：开采岩石并将其粉碎，然后大规模铺设，需要大量的能源，成本非常高昂。每吸收一吨二氧化碳的成本是生物质能源碳捕捉与封存技术的好几倍。但是增强型"岩石风化"技术仍然拥有巨大机遇，因为采矿业及油气行业可能会通过投资这项技术，以换取其他地方的排放权。如何处理采矿产生的尾矿及残渣原本是个行业难题，而未来可将这些"废料"用于增强型"岩石风化"，可谓一举两得。

另一种更受欢迎的方法是运用碳捕获及封存的同类技术，直接从空气中捕获二氧化碳。现在有多家初创企业斥巨资搭建"直接空气捕集"的大型设备。问题是，空气中的二氧化碳浓度仅有0.04%，因此清除如此微量的气体，需要耗费大量能源。根据一项研究，这一过程所需的能源量可能是如今全球能源供应量的一半。另外，地球上的空气如此之多，因此如果要大规模吸附空气，捕获二氧化碳进行封存，需要建立一个全球性的行业。这个行业的规模之大，超乎人们想象。清除二氧化碳的整个过程，需要多达几百万吨的试剂，以及大量能源，因此"直接空气捕集"技术成本极高，需要耗费大量资源和能源。即便可以大规模推行，二氧化碳浓度大幅减少，还会出现其他问题。海洋中的部分二氧化碳可能会被释放到大气中。二氧化碳会在海洋及大气之间不停地循环。没有人知道，这种平衡一经打破，到底会发生什么。但根据科学家测算，"直接空气捕集"（DAC）技术清除的二氧化碳中，有1/5会从海洋再次排放到大气中。然而，我们必须尝试大规模地使用这项技术，为了将全球温度升幅控制在2℃，这也是解决问题的无奈之举了。

令人担忧的是，截至2050年，所有通往净零排放的官方路线图都严重依赖生物质能源碳捕捉与封存技术和"直接空气捕集"技术中的其中一项。但这两者都未证明可以大规模推行。然而，寄希望于未来的科技或许比寄希望于通过翻天覆地的社会变革减少能源消耗更为现实。但这两种手段是否真的能防止全球升温突破安全警戒线，我对此没有任何把握。

目前，全球升温 1.2℃，我们已经能够感受到升温带来的危害。过去十年，极端天气每年让 2150 万人被迫迁移，这个数字是冲突迁移的 3 倍，是政治迫害迁移的 9 倍。未来 10 年，极端天气迁移人数将会翻 3 倍。2020 年，全球与气候变化相关的经济损失多达 2100 亿美元。如果全球温度升幅超过 1.5℃（2026 年就会发生），大约有 30 亿人的居住地将会经常出现超越人类忍受极限的天气状况。我个人的感觉是，如果要等到全球温度下降的那一天，还要大约几十年，到那时大规模移民是无法避免的事情。

鉴于全球变暖的利害关系，我相信人类将来会使用仪器设备将太阳的热量反射回大气层，以此将全球温度维持在安全水平。如今，这种形式的气候工程——针对地球气候系统有计划地大规模干预措施，似乎依旧是一个禁忌，而二氧化碳排放所造成的不断上升的气温反而不是禁忌。让我们打开天窗说亮话，全球范围内土地利用的变化，严重的大气污染，排放大量化石碳[1]导致大气和海洋升温，上述现象虽然无气候工程之名，但有气候工程之实。如果人类想要地球重回原来的宜居状态，就应该想尽所有办法。

冰层消失的速度在不断加快，已经到达前所未有的程度，其中格陵兰岛和南极洲的冰层融化速度是最快的，海平面因此不断上升。由于人类已经排放了大量二氧化碳，冰层融化加剧是无法避免的事情。为了避免冰层融化的灾难性后果，人类提出了诸多通过提高冰

---

[1] 与生物碳相对，指由化石燃料释放出来的碳。

层反射率的解决之策。比如在冰川表面覆盖一层反光绒毯。这个方法到目前为止只在欧洲阿尔卑斯山地区使用过。另一个方法目前正在阿拉斯加试行，将二氧化硅（玻璃）制成的具有反光作用的人造雪覆盖在冰川表层。此举可让冰面的反射率增加 15%—20%。这个项目的组织者称，如果大规模采取这项措施，预计将花费 50 亿美元，降温幅度可达 1.5℃，冰层厚度将增加 50 厘米，但人类会因此换得 15 年的"升温缓冲期"。

科研人员还提议使用风能发电的巨泵，重新冻结北极地区的海冰。一到冬季，巨泵便抽取海水，灌注在海冰表层，低温冻结后的冰层会因此加厚，等到天气变暖，也不会因为融化而变得过于稀薄。普林斯顿大学的冰川学家迈克尔·沃洛维克提出，如果要让格陵兰岛及南极洲冰川变得稳定，可以使用一种人造海底山脊。这是一种由砂石和岩石造成的海底山岗，可以阻挡温暖的海水流到冰川下面，导致冰川从底部融化。另一个方法便是借助大量遥控无人机，将盐水雾喷洒在云层上，增加极地重要冰川上方的低空云层的反射率，以此为冰川阻挡阳光，降低温度。英国前首席科学顾问大卫·金爵士正在领头开展一个项目，将于 2024 年尝试这个方法。

增加云层反射率的方法还可以防止珊瑚礁在高温下白化。科研人员已经在大堡礁上方开展试验，从大型货运船的后方，使用装有 100 个高压喷头的改良涡轮机，将纳米大小的海盐晶体喷入空气中，每秒可喷射数以万亿计纳米晶粒。这个设备可以大大加速云层的自然形成过程，即海洋表面的海盐晶体经风吹后飘浮在空中，被水汽包裹的过程。试验中的海盐晶体原本在空中只可停留一到两天，但是科研人员计划通过增加涡轮机数量并使用体积更大的涡轮机，将晶体停留时间增加至原来的 10 倍。如果真的做到这一点，海洋上方生成的云层面积将达到几百平方千米，足以让海洋温度略微降低。人们还在探索延长珊瑚礁存活期限的其他方法，比如用飞机喷射低温水汽到海水表层，在海面上方形成一层薄薄的雾气。或者使用可行性更高的方法，将能够反射太阳光的碳酸钙制成一层薄膜铺在海面上。目前，人们正在使用类似的技术防止水库和大坝中的水蒸发，包括饮用水水源。这项技术可以将光的穿透力减少20%。夏季是珊瑚白化的高发时节，那时人们可以使用飞机、船舶或自动浮标定期铺设薄膜，减少到达珊瑚礁的太阳辐射。未来几十年，这项薄膜技术可能会得到更广泛的应用，不仅限于珊瑚礁保护，而是和浮动太阳能电池一起用于水库水资源的保护。

全球变暖影响最严重的地区是人类的活动区域，也就是陆地。对此我们需要区域性或全球性的降温技术。其中可行的做法便是在平流层内喷一层薄薄的硫酸盐。虽然二氧化碳会吸收热量，让大气升温，但硫酸盐能够反射太阳光，因此能起到降温的作用。这项技术的降温效果在热带地区比两极地区更显著，因此无法防止极地冰层融化造成的海平面上升。但未来几十年，这项技术或许能在热浪侵袭时拯救成千上万条生命，让数百万人免于被迫迁移的境地。

由于这种类型的气候工程仍然存在禁忌，我们无法以公开的形式进行哪怕规模最小的试验，而是需要依赖建模研究。然而，人们都能够理解在平流层使用硫酸盐背后的化学及物理原理，因此我们没有理由怀疑这项技术的降温效果。但是我们不知道使用硫酸盐的最佳方式，比如释放硫酸盐的频率，以及释放硫酸盐对大气和气候带来的其他影响，尤其对主要大气环流和降雨的影响。

人工降温可以延长亚洲及非洲污染严重地区的居住期限，当地城市也能减少空调设施及供水方面的资源投入。如果土壤温度更低，蒸发的水分更少，在热带地区重建森林便会更加容易、更加顺利，有助于大气中二氧化碳的吸收。人工降温可以让农民在户外工作的同时，免受热应激影响，还有助于粮食生长。保护粮食免受气候变化影响的最有效方法，就是降低表面温度。研究表明这比降雨更重要。事实上，2021 年的一项研究发现，使用气候工程技术调整太阳辐射，从而进行人工降温，比减少碳排放更能提高粮食产量，因为二氧化碳对于植物的光合作用有重要意义。

当然，这并不意味着，我们应该放慢大幅削减二氧化碳排放的节奏，不再迫切地移除大气中业已存在的二氧化碳。恰恰相反，正是因为二氧化碳的排放正在让全球变暖，我们才需要考虑这些成本高昂的降温技术。反射太阳光并不能解决由大气中过量碳排放所导致的根本性问题，比如海洋酸化，但可以为我们争取更多时间进行脱碳并实现负排放。更重要的是，尽可能延长降温时间，可以帮助最贫穷人群适应气候变化并脱离贫困，这是一个重要的道德考量，也有助于修复生态系统。同时，我们要提高从空气中吸收的有效碳排放量。我们要让全球经济实现净零排放，加强生物多样性，改善生活，提升幸福感。若要更容易地实现上述目标，我们要卸去地球目前所背负的重担——灾难性的气候变化、频繁的极端天气事件、干旱及热浪。明明可以选择让地球降温，却不这么做，这在道德上站不住脚。

我们可以使用能在高空飞行的飞机和自动化无人机向平流层稳定地喷射硫酸盐（我们也可以选择其他材料，但硫酸盐是目前最适合的原材料）。喷射后的降温效果是立竿见影的，但在大气中不会长久保留。因此，我们需要持续不断地喷射硫酸盐，随着二氧化碳的浓度不断下降再逐渐停止。否则，二氧化碳的升温影响仍会持续。

我们还没真正尝试用这种方式让地球降温，因此并不知道是否会有意料之外的负面影响，如果有的话，与持续升温的影响相比，孰轻孰重。但是，仅需停止喷射硫酸盐，便可较快地消除这种负面影响。此外，我们也不知道略微减少紫外线辐射，会对粮食生产和自然生态系统产生什么影响。其中一种顾虑便是，使用这种技术后，有些地区的降水可能会减少。为了解决这一问题，科学家对硫酸盐降温的过程进行调整，并研究随之而来的影响。科学家将气候模型中的条件变为用硫酸盐降温将全球变暖减少一半（而不是完全消除）。研究发现，二氧化碳导致模拟热带气旋强度增加，这一现象可以通过喷射硫酸盐消除。但没有任何地区的水资源供应、极端温度或极端降水出现问题。总体而言，硫酸盐降温技术可以减少干旱现象。研究发现，使用硫酸盐可以降低热浪发生的频率，并减少连续干旱的天数。对比参照的气候模型中，大气的二氧化碳浓度是工业化前水平的两倍（大约会在 2060 年出现）。

然而，在大气中增加二氧化碳排放量，肯定会产生意料之外的负面后果，对全球不同地区的影响存在着严重不平等。我们必须保证不再重复这样的错误。比如，那些因为碳酸盐降温而受到负面影响的人们理应得到赔偿，对此必须要有相应的治理与监管。如今，人们虽然已经提出"太阳辐射管理治理倡议"，但是这个倡议缺乏权威性，也没有明确的职权。

有些人认为如果我们选择了气候工程降温这条捷径，便不会像之前那样努力减排了。肯定有不少排放者会将碳补偿[1]作为一种策略，试图避免或拖延减排承诺，因此监管者需要提前有所防范，将

---

1 个人或组织向二氧化碳减排事业提供相应资金，以充抵自己的二氧化碳排放量，它是现代人为减缓全球变暖所作的努力之一。

气候工程作为减排的补充措施，而非完全取而代之。

全球变暖是由人类恶劣的污染行为造成的，但人们试图使用科技手段解决这一问题，这样的做法引发了某些群体的道德排斥。一些道德原则泾渭分明的人，热衷呼吁大家严格节制自己的生活方式，比如倡导负增长，以此作为解决之策。难道是认为这种降温方法能够占据道德高地？当然，的确有人会在生活中毫无顾忌地做一些污染环境的事情，我们每个人都应明白自己的各种行为对环境带来的潜在影响。但是有些环保人士似乎宁愿将可能会引发种种不适的社会巨变强加于人，也不愿意通过实施气候工程技术改变地球的自然生态。这在我看来才是在道德上站不住脚。但一谈及道德，便是仁者见仁智者见智。对我而言，符合道义的做法便是想尽一切办法保证人们居住的环境没有气候隐患，人们有足够的食物来源。这意味着要帮助那些身处险境、经受苦难的人们转移到安全地带，同时降低全球温度，让全球气候恢复稳定。（请记住，我们现在忍受的高温，都是过去不当行径的恶果。如果我们继续这样的行为，未来气温继续上升将是必然的结果。）

正因为绿色经济在健康、生存、生态保护及经济成本方面能够带来诸多好处，所以终结化石燃料的使用对降低全球温度而言，是既迫在眉睫又显而易见的对策。要长此以往这么做，必须要有法律保障。但是化石燃料已成为人类各种体系中不可分割的一部分，包括食物、能源生产、交通及工业流程，因此要取而代之是一个相当漫长的过程，需要耗费各种资源。而非正当的逐利让这一切变得更加漫长，比全球变暖的物理过程还要久。假使气温上升 3—4℃，数十亿人将会受到威胁。这对我而言是难以接受的风险。因此，我们要综合考虑所有降温手段，优先推进可行性较高的手段。硫酸盐降温肯定是可行的。

即使我们尽力减少温室气体排放，未来气温上升幅度仍至少要达3℃。如果我们每年向平流层喷射10兆吨的硫酸盐，可以反射1%的太阳光，将温度升幅控制在1.5℃。这或许足以避免灾难性的海平面上升，在一定程度上控制干旱、森林火灾及飓风，给部分珊瑚礁带来一线生机。大家可以做一下对比，如今每年工业污染就包含100兆吨的硫酸盐。

关于碳酸盐降温，还有一些很少谈及的内容。另外，碳酸盐降温带来的影响会有地域差异，正如全球变暖的消极影响主要集中在热带地区，气候凉爽的国家反而会从中受益。而碳酸盐降温正好相反。来自工业及船运的碳酸盐排放所带来的降温效应，有利于热带地区经济体，却会对温度较低的经济体带来不利影响。因此，在平流层喷射碳酸盐降温带来的影响预计是一样的。换言之，位于热带地区的南方国家，居住着数十亿人口，会从降温干预措施中受益，比如，粮食产量增加，居住环境改善。一部分北方国家已经从上升的气温中受益，比如无冰区面积增加，粮食产量增加。经过碳酸盐降温后，北方地区的温度降幅空间并不会很大。也就是说，随着二氧化碳减排和二氧化碳吸收，全球达到净零排放，二氧化碳浓度减少至425ppm，甚至降到400ppm。北方国家会丧失温度上升的优势，而南方国家的安全威胁将会减少，气候条件更为宜人。

气候工程让我们能够自主选择地球的温度。但究竟何为理想温度，人们可能存有分歧。热带地区的居民向往的理想温度或许是无须开空调，鲜有干旱发生。北方地区的居民向往的是更温暖的气候，尤其当基础设施已经根据温度变化调整改良，欣欣向荣的新城已经建立。在全球气候变化的背景下，伦敦的气温上升了1.2℃，现在我可以在自家花园里种植柑橘树，用于住宅供热的花销也变少了。相较于寒冷的气候，我更喜欢英国东南部新出现的地中海气候。可与此同时，全球变暖让过去 50 年的极端天气灾害翻了 5 倍，造成 200 万人丧失，以及高达 3.64 万亿美元的经济损失。

过去 45 亿年里，地球的温度在两个极端之间徘徊，但大多数时间温度比现在要高。事实上，地球很长时间都处于无冰期。然而，人类进化的过程恰好遇上了更新世的冰川期，而人类文明的创造是在距今最近的人类世完成的，当时气候稳定，温度相对较高。现在我们正在人为地将地球温度推向更高水平，并将人类的适应力逼近极限。我们会选择多高的温度？工业化前平均值？增幅 0.5℃？增幅 1℃？谁能做出这样的选择？这些是全球治理机构要思考的关键问题。我们应该紧急设立这样一个组织，一个拥有实际权力的组织。

恢复生物多样性并修复气候，使地球成为人类和野生生物更好的住所，可以为颠沛流离的生活画上句号。我们越早开始重建工程，需要进行大规模迁移的区域就越少，也不会有那么多人需要经历生活的辗转腾挪。我们需要明白，迁移并不会结束，这是人之为人的一部分。但是管理迁移要比过去容易很多，我希望未来人们对迁移会有更妥善的管理。如果我们无法迅速且大规模地完成地球重建，上升后的全球温度将会让人们无处安居。

现在还为时未晚。全球人口预计在 2065 年左右达到 97 亿人的峰值。到那时起，全球人口数量将会进入平台期，甚至更有可能出现下降的情况，到 2100 年就会恢复到目前的水平。人口收缩会消除资源方面的极端压力，虽然人口结构可能会出现相应问题。如果环境条件允许，人类的大迁移并不会因为人们搬到高纬度地区及两极地区而终结，如果有人要回归他们一度遗弃的地区，这场大迁移可能会延续至 22 世纪。随着修复重建工程持续进行，人类迟早会从原本的避难处启程，再次向远方开疆拓土。

结 语

　　人类计划让数十亿人进行迁移，这是荒唐之举。人类明明知道全球变暖的后果，却依旧任其发展，这同样是荒唐之举。我的整个职业生涯都是围绕气候变化及其影响进行的，我在这一领域著书立作，开展研究，发表演讲，但令我难以置信的是，人类依旧未能摆脱气候变化的困境。但这就是事实。我的女儿带着六岁孩子独有的"理智淡定"问我："我们为什么不直接停止燃烧化石燃料？""亲爱的，没那么简单。"我强压怒火回答。

　　其实，一切就是那么简单。我们知道这背后的科学原理，我们拥有实现这一切的技术手段。应对气候变化的短期成本非常高昂，可是我们有钱，宁可挥霍在其他事情上。人类自己将局面复杂化，深陷于一手织就的社会、政治、经济之网。这样一个虚构的陷阱，这样一个人类脑海中的观念，却将我们置于险境，而现在我们面临如此荒诞的局面：为了拯救全人类，不得不搬离居住长达数十万年之久的地方。

迁移是无法避免的，而且通常具有必要性，因而我们要推动迁移的顺利进行。然而，世界部分地区因为人类活动变得不再宜居，从而导致数十亿人被迫离开家园，这确实是场悲剧。从某种意义上来说，当下的局面还未到无法避免的程度。我们能够减少全球温度增幅，而且我们必须这么做，这样可以避免人类迁移的极端状况。然而，当气温上升 1.2℃，人们就有充分的理由搬离了。我们不能将搬离的人视作问题的症结所在，真正的问题是促使他们动身迁移的原因。

很多情况下，迁移不失为一件好事。迁移至不同的城市、国家、大洲，既有利于移民的自身发展，也可以推动所在社会的发展。迁移是人类"逆袭史"浓墨重彩的一章，也是人类文化多样性及复杂性的重要组成部分。但是最近几十年，迁移的作用并没有得到充分发挥，如果更多人能够离开自己的家乡，前往别处寻求财富，他们或许会有所收获。

移民者是不同文化间的桥梁，是促使人们自我了解、增进彼此理解的重要力量。我自己就曾在不同的地方旅居，这样的经历让我收获重要的友谊，让我深刻理解其他的思维模式和生活方式，让我通过亲身经历，体会各地的风土人情，掌握新的语言。同样重要的还有我认识的移民者，他们往往独具胆识，对世界充满好奇，坚毅果断，勇于迈入未知领域，离开亲友熟人，告别故居旧地和乡音母语，有时甚至要克服种种艰难困苦。移居海外并非道德败坏之事，我们无须惩罚那些移居他地的人。我们对移民设置多余的重重障碍，甚至常常会威胁到移民者的安全，但那些因此受到阻碍的人，恰恰是需要我们创造条件、一路放行的人。

如今的社会不公是根深蒂固的。公民身份，家宅平安，甚至人生的种种机遇都与上一辈的造化有关。对于出生那一刻境遇的好坏，我们无能为力。但是安全问题的重要性不言而喻，它并不应该仅由家族兴衰这样的随机事件来决定。地球是我们共同的家园，是我们在无意识情况下继承的共有财富，我们必须让人们能在这片乐土之上自如地随处迁移。

21 世纪进行大规模迁移的移民，主要来自气候变化影响严重的贫困地区。他们会迁移到经济更发达的地区，而这些国家的财富也是以气候变暖为代价的。迁移带来的额外经济增长，有利于移民原本所在的贫困地区，也有利于移民自身，这是促进社会公平正义的良机。城市需要外来人口才能繁荣发展。但是移民必须得到恰当的管理和支持，这是一项需要多方合作、共同努力的大工程。合作会带来极高的效率，因此人类的进化过程也会倾向于合作这种行为。全球需要对安全合法的移民路径达成共识，并且建立机制共同承担移民大量涌入后的社会经济成本。令人震惊的是，目前居然尚未有一个协调统一的战略规划，能够在全球范围内给人们分配合适的工作、教育及住房资源。在如今的数字化时代要做到这一点属实易如反掌。现在我们应该进行相应的计划部署。

移民被刻画成发达国家的安全威胁，这样的刻板印象是错误的，需要有所改变。当我写下这些文字时，大约有 2 万名儿童被关押在美国的拘留营，生活条件令人发指。这些寻求庇护的孩子饥寒交迫，身上爬满了虱子，奇痒难耐。与此同时，欧洲正在测试一种针对难民使用的"声音炮"[1]，这是斥资 3 700 万欧元的边境管控项目的一部分，其中还包括人工智能审问设备以及无人机。欧盟一边见义勇为，欢迎从动荡的乌克兰逃离的数千万名难民，一边用每况愈下的态度，

---

1 "声音炮"主要是作为通信工具，向远距离的人群发送信息。在应对一大群人时，这种声学设备能盖住特大音量的音乐或成千上万人发出的呐喊声。

对待来自其他地区寻求庇护的难民，以至于，人们如果搜救从北非穿越地中海来到欧洲的移民，便会被定性为犯罪行为。为了阻止移民而肆意（无果地）耗费的时间、金钱与精力，本可以用于更好地管理移民，将其吸纳为城市劳动力，增加社会多样性。这意味着我们要努力改变与移民相关的叙事方式，并且为他们构建包容、强大、活力无限的国民身份。有些人一边美化夸大本国文化，一边妄自菲薄，一边赋予本国文化巨大的价值，一边不相信本国文化能够吸引外国人，这些人应该知道这其中的自相矛盾之处。文化要不断发展，变得丰富多彩，依靠的是其纷繁复杂的特性而非静止不动的保护。

我们必须为所有需要移民的人，建立一个有尊严并且安全的移民路径。如今，每天都有移民因为别无选择，只能尝试铤而走险地跨越国境，最后失去生命，这是不可原谅的。为移民提供便利是适应气候变化的重要举措，同时能够解决贫穷与饥饿问题。不管是南方国家的居民，还是大批迁往北方国家，或在北方国家内部迁移的居民，对他们进行资金投入，就是为我们共同的未来投资。我们可以从共享公民身份开始。

那些生活现状相对舒适的人，更容易体会到移民带来的好处。而处于落后地区的贫困人群可能会惧怕移民带来的影响。考虑到世界各地都有人流离失所，大规模移民是难以阻挡的趋势，政治领导人有责任宽慰自己的民众，而非加重人们的恐惧，他们可以出台一系列减贫政策，为所有人创造住房、服务和就业机会。

当气候变化加速朝我们逼近，有明确的信号表明大规模移民至少在十年内将会到来。各国领导人没有理由打无准备之仗。如今的移民管理制度是道德、社会、经济层面的巨大败笔。每天都有生命无谓地牺牲。我们要开始相互沟通如何解决这一问题。我们要向全球各地的决策者采纳建议，博采众长，兼收并蓄，找到解决气候变化和移民问题的合作之策。

从现在到2030年的某个时间点，我们不得不接受这样一个事实，仅仅通过减排措施，我们无法将温度升幅控制在1.5℃。我们得做出抉择，到底是使用太阳光反射技术，还是专注于适应更危险的高温。现在全球22亿儿童有一半已经面临气候变化影响的极端风险。

气候变化就是一切的变化，因为气候是编织生命的基础材料，它可以决定人类的居住地、居住方式、四季的时间节点、栽种的农作物、降雨分布、气温高低、海岸线形状、地形地貌、洋流线路，以及暴风雨的猛烈程度。未来几十年，我们每一个人都会经历这样深刻，并且会影响人类生死存亡的变化。环境孕育了人类的文化、社会及生命，但我们与环境的关系将会经历错位。气候变化并不是一帆风顺、可以预见的过程，随着时间的推移，气候变化会变得难以捉摸。人类与环境关系的错位会让我们感受到阵痛。2021年，北美太平洋沿岸的热浪导致超过10亿滨海生物被活活烧死，有很多是贝类生物。树上的水果在高温下直接变熟。粮食及建筑遭到焚毁。数百人死亡。极端天气将会愈加频繁地给地球造成冲击，迫使大批人突然离开。

如今，可再生能源并没有完全替代化石燃料，而只是作为化石燃料的补充，因此气温依旧会不断攀升。人类历史上二氧化碳排放总量的1/3，都是2006年美国前副总统艾伯特·戈尔的纪录片《难以忽视的真相》上映后产生的。因此，我认为人们欠缺的并不是对气候变化的深层的认知。到2050年，将会有超过10亿人动身迁移，我们必须想办法管理迁移的过程，让所有人受益。

我们正面临会撼动人类生存根基的威胁。其规模之大超乎人们的理解范畴，但这种威胁是真实存在的，而且会很快到来。由于这场全球性的危机似乎势不可当，人类似乎陷入绝境，但目前并非如此。

为这场巨变做准备意味着加强人类面对未来不确定性的韧性。不确定性会让我们不再规划未来，不再未雨绸缪，甚至不再以长远的视角看待未来。除了推测当下发生的事情，人们不愿意更进一步去想象未来熟悉的一切发生翻天覆地的变化。然而，我们还是要进行艰难的拷问，如果全球升温，可能会发生什么？这意味着主动督促那些埋首于日常烦琐事务的人们抬起头，让他们想象二十年、三十年、四十年后的自己。当你想象着抵达未来的各种方式，请务必保持开放的心态，不管你对未来的各种可能性保持何种立场，请将这些条件反射般的偏见抛诸脑后。当你构想未来的世界，请想想自己老了以后该怎么办？什么样的社会能够为你提供支持？这会是一个年轻、充满活力和希望的社会吗？还是说你会感到恐惧，担心老无所依？

我想表达的重点是，我们可以增强社会体制及生态系统的韧性，足以应对气候变化和各种自然灾害的压力与冲击。但是我们要将未来掌握在自己手中。这意味着对于未来的远景达成共识，什么样的结果是最有价值的，包括珍贵的文化、舒适的生活、安全及自然环境。

我们不是无能为力的旁观者。然而当下我们缺乏统一协调的规划，只是走一步看一步地等着世界越变越热，每出现一次冲击，一场旱灾、一次台风、一场森林大火、一艘满载移民的颠簸小船，我们就采取修补性措施。但接下来几十年，人类的生存环境变得充满挑战，我们必须主导未来，为全人类的福祉做好规划，不管贫穷或富裕，不管来自哪个大洲。这意味着鼓起勇气设想一种全然不同的生存方式，让人们从固定的住所中解脱出来，自由自在地寻找安居之所。

新冠肺炎疫情期间，对于何谓"正常"，何谓"符合社会常规"，我们有了全新的认知。谁会相信我们当中有这么多人自愿禁足于方圆几米的房间。在我看来，更符合想象的是与之截然相反的画面：很多人将会搬到离家千里之外的地方。

未来动辄就有几百万人迁移至别处。现在我们有机会让这一切顺利进行，即通过规划和管理，以和平的方式过渡到更安全更公平的新世界。通过国际合作和监管措施，我们能够并且应该让地球重新变成人类的安居之所。

这一切绝对值得尝试，让我们现在就开始行动吧！

宣 言

1. 迁移是自然的人类行为。迁移是人类为了生存而适应环境的手段。

2. 我们需要重新调配社会生产力，以应对气候变化以及步步逼近的人口结构危机。

3. 我们必须保证移民安全公平地进行，由具有实权的全球机构进行监管。

4. 移民是一项经济议题，而非安全议题，可以带动经济增长，减少贫困。

5. 富裕国家和贫穷国家必须通过投资建立各种联盟关系，以带动培训、教育和气候适应力。

6. 各国进行经济脱碳是当务之急，必须在全球范围内进行，包括使用税收手段和各项激励措施。

7. 冰层融化和珊瑚礁消失正以极其危险的方式不断恶化。我们应该尽快使用太阳光反射技术，例如云层增亮技术，同时探索研究其他降温技术。

8. 我们必须刻不容缓地采取行动，扭转生态系统遭到破坏的局面，恢复生物多样性，提高抵御能力，保护自然系统。

致 谢

本书是我多年研究的合集，正是因为有了来自世界各地那么多人的帮助与善意，本书才得以出版。我想感谢所有让我一窥他人生活并与我分享奇闻逸事的人。我还要感谢赋予我知识和智慧的各位专家，是他们花时间与我交谈，并向我解释自己的研究。特别感谢玛格丽特·杨、邓肯·格雷厄姆·罗威、蒙济特·卢伊、奥利·富兰克林-沃利斯、黛博拉·科恩、理查德·贝茨、劳伦斯·史密斯、道格·桑德斯、汉娜·里奇、马克斯·罗瑟、大卫·金、大卫·基思、杰西·雷诺兹、克里斯·斯马吉、尼尔·阿杰、玛丽安娜·马祖卡托、肯·卡尔代拉、亚历克斯·兰德尔、史蒂恩·胡伦斯、法提赫·比罗尔，以及全球疫苗免疫联盟、联合国儿童基金会和联合国难民署的团队。

我还要感谢我出色的经纪人兼挚友帕特里克·沃尔什，还有皮尤文学中心的约翰·阿什和玛格丽特·霍尔顿。如果没有他们的支持和鼓励，本书根本无法完成。同时非常感谢艾伦·莱恩和弗莱提荣书籍这两家出版社的优秀团队，尤其是我优秀的编辑、才华横溢的劳拉·斯蒂克尼和李·奥格斯比。他们提供的必要建议，成为本书的画龙点睛之笔。还要感谢山姆·富尔顿、简·伯德赛尔和理查德·杜吉德。

我撰写此书时，恰好碰到了新冠肺炎疫情，当时多地封锁，孩子们在家里上网课。我们还遇到了其他令人崩溃的障碍，多亏亲朋好友的关爱与支持，我才顺利渡过这场难关，其中包括乔里昂·戈达德、罗文·霍伯、奥利弗·霍夫曼、莎拉·阿卜杜拉、约翰·维特菲尔德、夏洛特和亨利·尼科尔斯，我的笔友姐妹花：乔·马钱特和艾玛·杨，我的父母伊凡和吉娜，我的弟弟大卫，以及我的精神支柱尼克、基普和朱诺。谢谢你们忍受我的无病呻吟，下次我一定会改。